辺野古入門

熊本博之
Kumamoto Hiroyuki

ちくま新書

1650

辺野古入門【目次】

はじめに

「はじめまして。熊本博之と申します。出身は宮崎県なんですけどね」

聞いている人たちの表情が緩むのが見える。これが私の自己紹介の「鉄板」である。

その宮崎出身の私が、なぜ縁もゆかりもない沖縄に、しかも人口一七〇〇人ほどの小さな集落である辺野古に通うことになったのか。そんな話から、この本を始めていくことにしよう。

†ふたつの出会い——社会学と沖縄

一九九九年四月、私は早稲田大学の大学院に進学した。大学も早稲田に通っていたのだが、卒業後は地元の銀行に就職していた。その銀行を一年で辞め、再び上京して一年浪人した末の進学だった。

大学院では社会学を専攻した。学部では法律を学んでいたのだが、研究するなら社会学だと思っていた。一般教養の授業で少し触れただけだったのだが、社会がどのようにして成り立っているのかを明らかにしていく社会学に魅力を感じていたからだ。

とはいえ、何か研究したいことが決まっていたわけではなかった。大学院を受ける際に提出していた研究計画書には、マスメディアと社会運動の関係について研究すると書いていたものの、具体的な事例が頭にあったわけではない。でも次年度には修士論文を書き上げなければならない。さて、どうしようか。

そこで思い出したのが、沖縄である。一九九五年九月、三人の米兵が小学生女児を暴行した「少女暴行事件」に端を発する沖縄県民の怒りは、テレビや新聞を通して広く伝えられていた。私自身、沖縄の基地問題を明確に認識したのはこのときだ。

八万五〇〇〇人が参加したとされる県民総決起大会で「軍隊のない、悲劇のない、平和な島を返してください」と訴えた女子高校生の姿に心を打たれ、県民を守るために政府と対峙する大田昌秀沖縄県知事に地方自治の理想をみた。沖縄の怒りは当然だ、と強く思ったことを覚えている。

沖縄の怒りは、日米両政府を動かし、沖縄の基地負担を軽減するための議論が始められる。そして一九九六年四月、普天間基地の返還が合意される。

この一連の経緯、つまり沖縄で反基地運動が展開され、そのことがマスメディアによって報道され、世論が喚起され、政府が対応を余儀なくされた結果、問題解決に向けた政策が実施された経緯を分析していけば、研究目的を達成できるのではないか。こうして私は、沖縄と出会ったのである。

†大きな勘違い

初めて沖縄に行ったのは一九九九年九月、修士一年の夏休みだった。このときは反基地運動を行っている人たちなどへの聞き取り調査を行い、米軍基地に対する思いをいろいろと伺ったのだが、その過程で私は、調査の本筋とは外れたところで、大きな勘違いをしていたことに気づかされる。それは「沖縄は九州ではない」ということだ。

宮崎で生まれ育った私にとって、沖縄は九州の「仲間」だった。NHKのニュースには「九州・沖縄」というエリアカテゴリーが用いられていたし、通っていた中高一貫の私立校には沖縄から進学してきた同級生が数名いたこともあり、勝手に親近感を抱いていたのだ。

だが沖縄からみれば、宮崎も、そして九州も「本土」であった。琉球王国時代の江戸幕府および明治新政府との関係、沖縄戦と戦後の米施政権下に置かれた歴史、そして全国の七割が集中する米軍基地の存在などを知れば、九州も等しく本土でしかないことは当然のことだ。

つまり私は、そんなことにすら気づいていなかったほどに、沖縄について何も知らなかったのである。そのことに気づかされた私は、知らずにいたことを反省すると同時に、もっと沖縄を知りたいと思うようになっていった。

†普天間基地移設問題の研究へ

修士論文を書き上げた私は、二〇〇一年四月、そのまま博士課程へと進学する。

修士論文では、反基地運動がマスメディアによって報道されることで、沖縄の基地問題が日本政府にとって議論しなければならないアジェンダとなり、普天間基地返還合意を引き出すことができたと結論づけた。だがこの普天間基地の返還には、沖縄県内に代替施設を建設して移設するという条件がついており、移設先は沖縄本島北部の東海岸側に位置する名護市辺野古へと絞られていく。

少女暴行事件に端を発する沖縄の怒りが政府を動かし、沖縄の基地負担軽減策が日米間で議論されたその結果が普天間基地の辺野古移設、すなわち新たな基地の建設であったという理不尽な展開。博士課程での研究対象が普天間基地移設問題になったのは、自然な流れであった。

このとき私が感心をもっていたのが、「よそ者」論である。修士論文では、マスメディアの報道が全国の世論に影響を及ぼしたことで、政府も対応をせざるを得なくなった経緯を描き出したのだが、それはすなわち、沖縄に住んでいない「よそ者」が沖縄へのシンパシーを感じ、沖縄の基地負担を軽減すべきだという世論が形成されたことによって、政府が動いたということである。この「よそ者」が問題解決のために果たし得る役割について調べようと考えたのだ。

そこで最初にアプローチしたのが、東京に拠点を持つ自然保護団体「ジュゴン保護キャンペーンセンター（ＳＤＣＣ）」である。ジュゴンとは辺野古の海に生息している国の天然記念物で、建設反対運動のフラッグシップアニマルとして用いられていた。ＳＤＣＣは、国内外の自然保護団体と協力しながら、政府にジュゴンを保護するよう、そして建設を止めるよう訴える活動を行っていたのである。

このＳＤＣＣが東京で開いた勉強会に参加した私は、ＳＤＣＣ主催の沖縄スタディツアーに行かないかと誘われ、一も二もなく参加することにした。あとでわかったことなのだが、SDCCの共同代表の一人であり、一九九七年一二月に実施された辺野古移設の是非を問う住民投票「名護市民投票」の市民側の代表であった宮城康博は、年明けの二〇〇二年二月に行われる名護市長選挙の候補者であった。つまりこのスタディツアーは、宮城を応援するための活動でもあったのである。

そしてこの応援活動に参加するなかで、私は、決定的な経験をすることになる。

†「よそ者」の限界

ツアーの何日目だっただろうか。その日は名護の市街地で、ジュゴン保護を訴えるデモ行進——沖縄では「道ジュネー」と呼ぶ——をすることになっていた。そして私は言われるままに沖縄の伝統芸能であるエイサーの装束を着て、道ジュネーに参加した。

ツアーの参加者らとともに「ジュゴンを守れー」「海を埋め立てるなー」などと叫びながら歩いていた私は、沿道にいた名護市民と思われるおじさんから呼び止められた。

「あんた、ナイチャーね」

ナイチャーとは「内地の人」という意味で、本土出身の日本人を指す言葉だ。そしてナイチャーという呼称には、否定的なニュアンスがちょっと含まれている。ああ、これは何か言われるな、と身構えつつ「はい、そうです」と答えたところ、彼はこう続けた。

「他人(ひと)のシマで勝手なことしないほうがいいよ」

シマというのは、文字通りの島でもあるが、沖縄の人たちはよく、自分たちの住んでいる地域のことをシマと呼ぶ。つまり彼は、「よそ者」である私に、自分の地元である名護で勝手なことをしてくれるなと忠告したのである。

沖縄の人たちが九州を本土だと見なしていることに気づいたときから、自分は沖縄にとって「よそ者」なのだという意識はあった。正直に告白すれば、「よそ者」にもできることがあることを証明したくて「よそ者」研究を始めたという側面もある。だが、この願望にも似た思いは、おじさんの一言で一瞬にして潰れてしまった。

その日からしばらく、私はこの言葉の意味を考え続けた。最初はショックのほうが大きかったし、自分の浅はかさを恥ずかしく思っていた。でも時間が経つにつれて、なぜ彼は、敢えてあのような言葉を私にかけてきたのか、その理由を知りたいという気持ちが芽生えてきた。

もしかして彼も建設に反対なのではないか。でも反対と声に出せずにいるのではないか。だからナイチャーである私が声高に建設反対を訴えている姿が「勝手なこと」に見えたのではないだろうか。

そうだとすれば、私がやらなければならないのは、「よそ者」にできることを探すのではなく、沖縄に住んでいる人たちのことをもっと知ること、米軍基地をめぐる複雑な思いを理解することである。そのためには反対運動に参加している人たちの声を聞くだけでは不十分だ。名護で、なかでも特に辺野古で普通に暮らしている人たちの、基地に対する、普天間基地移設問題に対する考えを聞き取らなければ、何も理解したことにはならない。

このようにして私は、辺野古でのフィールドワークを始めることを決意したのである。

†「命を守る会」へ

決意はした。辺野古の人たちが普天間基地移設問題をどのように捉えているのか、その声を聞かなければならないことは確かだった。

だが、この頃すでに「受け入れもやむなし」という雰囲気が漂っていた辺野古に足を踏み入れるのは難しいなとも思っていた。そんなところに「よそ者」がノコノコいっても門前払いされるだけだろう、という思いがどうしてもぬぐえない。つまりは勇気がなかったのである。

そこで私はまず、辺野古の反対派住民による運動組織である「命を守る会」に通うことにした。反対の意思を明確にしている住民への聞き取りをしようと考えたのである。「命を守る会」は、建設予定地を見渡せる浜の近くに建てたプレハブ小屋を事務所として開設していた。この事務所に行けば必ず誰かがいるし、質問にもいろいろと答えてくれる、調査をするにはとてもありがたい存在だった。何度も訪ねるうちに顔を覚えてもらい、基地のこと以外にもいろんな話を聞くことができるようになった。それはそれで充実した時間であった。

だがそこで聞けるのは、反対の意思を強く持ち、その意思を表明できる住民の声だけである。私が聞きたかったのは、そして聞かなければならなかったのは、反対の意思を持っていても表明できない住民や、受け入れもやむなしと思っている住民の声だった。

†突然おとずれたチャンス

民間の研究助成を獲得できたこともあり、私は二〇〇三年の六月から、名護市に半年ほど滞在しながら調査を行うことにした。安宿のオーナーと交渉して一ヵ月六万円で部屋を借り、そこを拠点に辺野古や沖縄各地を訪問したのである。

その長期調査も終わりに近づいた一二月の週末、ある方が主催した飲み会の場で、辺野古在住のSさんという方を紹介された。話を伺っていくなかで、Sさんが名護市役所に勤めていること、「命を守る会」の副代表を務めていた時期もあったこと、今は会からも反対運動からも身を引いていること、先祖代々辺野古に住んでいる生粋の辺野古人（ひぬくんちゅ）であることなどがわかってきた。

ここでSさんにお願いしなければ、辺野古の人たちに話を伺う機会が失われてしまう。私は勇気を振り絞って調査目的について話し、集落を案内してもらうよう頼んだ。すると一言、「じゃあこれから行くか」と言うやいなや、タクシーを手配しはじめるではないか。ここまできたら覚悟を決めるしかない。飲み会を中座し、Sさんと夜の辺野古に向かった。

辺野古にはキャンプ・シュワブという米海兵隊の基地がある。詳細については第一章で見ていくが、辺野古はシュワブとともに発展してきた「基地の街」であり、集落の入り口付近には米兵が顔を出す飲食店が立ち並ぶ「辺野古社交街」がある。

Sさんはその中の一軒に入り、ボトルキープしていたバーボンを飲み始めた。私も頂戴し、Sさんからいろんな話を伺い、声をかけてきた米兵とも簡単な会話を交わすうちに時計は零時をまわった。そろそろ宿に戻らなければ、と思い、タクシーを呼んでもらうようSさんに頼んだ。

「うちに泊まればいいいさ」

Sさんの自宅についたのは午前二時をまわっていた。緊張から解放され、酔いも手伝い、すぐに眠りについた。こうして辺野古集落でのフィールドワークは、突然に始まったのである。

†勘違い、再び

翌朝、朝ご飯をいただきながら、夜中にお邪魔して挨拶もなく泊まらせていただいたことの非礼を奥様に詫びつつ、Sさんに改めて辺野古の住民を紹介してほしいとお願いし、何名かの住民のところに連れて行っていただいた。ただ、このときはもう、翌週には東京にもどることになっていたため、本格的な調査の開始は翌年の夏を待たなければならなかった。

二〇〇四年八月、いよいよ辺野古集落での本格的なフィールドワークの始まりである。このときはSさんの自宅に二週間も滞在させてもらいながら、聞き取り調査を続けていった。Sさんに紹介していただいた、様々な立場の住民に聞き取りを行い、夜には仕事から帰ってきたSさんに成果を報告し、意見交換する。いま考えても本当にありがたく貴重な日々で、このときの調査がなければ、その後も辺野古に通い続けることはできなかっただろうと思う。

さて、この二週間のフィールドワークを通して、私はまたしても勘違いに気づかされることになる。

フィールドワークを始める前、問題は中心部から周辺部への押しつけにあると考えていた。日本の周辺である沖縄への基地負担の押しつけ、そして沖縄本島の周辺である辺野古への押しつけ。この構造こそが問題であり、その不公正さの実態を辺野古でのフィールドワークを元に描き出すことが調査の目的であった。

しかし辺野古で生活を営んできた方々から話を伺っていくなかで、辺野古という地域社会にシュワブが及ぼしている影響の大きさに気づかされると、別の問題が見えてきた。辺野古とシュワブとの間には密接な関係性が構築されており、そしてシュワブは辺野古に経済的な恩恵をもたらしている。そのため、辺野古住民の多くは基地への反対の意思を表明しづらいのだ。

辺野古は、地理的にも人口的にも周辺部であり、そこに押しつけの構造があることは確かである。だが問題はそこだけにあるのではない。かつて米軍基地という迷惑施設を受け入れたことで、新たな基地の建設を拒絶しづらくなっていることもまた、重要な問題なのである。

このふたつの側面から普天間基地移設問題を捉えることで、迷惑施設がすでに建設されている地域に集中していく理由が見えてくる。この「不正義の連鎖」の構造を描き出すことが私の研究課題となった。

その成果は博士論文『迷惑施設建設問題の構造と地域社会——「不正義の連鎖」を生み出す構造的要因の析出』としてまとめられ、二〇〇九年三月、博士学位を取得した。そしてその年の四月には、今も勤めている明星大学に職を得ることができた。

†状況の大きな変化

次の課題は、博士論文を一冊の本としてまとめることだった。

しかし二〇〇九年九月、普天間基地の移設先は「最低でも県外」と公言してきた鳩山由紀夫率いる民主党が政権を獲得したことで、普天間基地移設問題は大きな転換点を迎える。もっとも、結果的に県外移設は実現せず、その責をとって鳩山は辞任し、再び辺野古への移設が進められていくことになるのだが、この一連の経緯は沖縄に、そして辺野古に大きな変化をもたらした。

沖縄全体の変化としてあげられるのは、辺野古移設反対の声がより強くなったことである。それに加えて、県外移設を事実上の公約として誕生した民主党政権ですら辺野古移設を止められなかったことを受け、これは本土による沖縄への差別ではないかという意見も強まっていった。

一方で辺野古は、二〇一〇年五月、条件つきで受け入れを容認するという決定をしている。これは鳩山が、県外移設は不可能だと沖縄県に伝えたことを受けての反応であり、辺野古はこれ以来、条件つき容認の姿勢を貫いている。

博士論文を書き上げて以降、このような大きな変化があったことで、そのままの内容で本にまとめることはできなくなってしまった。さらにその後も、政権に返り咲いた自民党が、安倍首相のもと建設を強行し、沖縄県と政府との対立が深まるとともに、沖縄の自治が著しく損なわれていくなど、状況は日々変化していき、それに応じて辺野古の人たちの意識も様々に変化していった。

私はその過程を、辺野古でのフィールドワークを続けながら追っていき、そのときどきの状況を論文などで発表するという形で研究を進めていった。

†本の出版

こうしたなかにあって、マスメディアが次第に、辺野古集落に関心を寄せるようになる。そして集落での調査を続けている私を取材して記事にしたり、私に記事の寄稿を依頼したりといったことが増えていった。

論文とは違い、多くの人たちの目に触れることになる新聞に私の意見が載ったことの意味は大きかった。特に大きかったのが、記事を読んだという同世代の辺野古の住民からSNSを通じて連絡があったことだ。彼とつながったことで、辺野古でのフィールドワークはさらに深まり、そして広がっていった。

そうやって調査が進んでいくと、またさらに違う姿を辺野古は見せ始める。それは、シュワブと、そして普天間基地移設問題と向き合う辺野古の姿だ。辺野古はただ淡々とシュワブを受け入れているわけでも、政府の圧力に屈しているわけでもなかったのだ。

この「辺野古の抗い」を描き出し、辺野古の決断を尊重しつつ、その限界や課題を指摘していくこと。そして政府、沖縄社会、建設反対運動など、辺野古という場で交差しあうものたちを、辺野古住民との関係性のなかで描き出していくこと。

こうした目的のもと書き上げたのが、二〇二一年二月に勁草書房より出版された『交差する辺野古――問いなおされる自治』である。もちろん普天間基地移設問題はまだ終わっていないのだが、これでようやくひとつの区切りをつけることができた。

†本書がめざしていること

ここまで、私が辺野古での調査を始めることになった経緯や、調査を通して見えてきたことについて、少し詳しく振り返ってきた。このような文章を最初に書いたのは、沖縄に出会い、辺野古と出会うなかで、私自身にどのような変化が起きたのか、読者のみなさんに知ってもらいたかったからだ。

大学や市民向けの講座、あるいは論考や記事など、様々な機会を通して沖縄のこと、辺野古のことを教え、伝えるなかで感じてきたのは、沖縄の基地問題や辺野古については、簡単には手を出せない、意見を言いにくいと思っている人が多いということだ。その気持ちの裏にあるのは、基地についても辺野古についてもよく知らない自分が、賛否両論のあるこの問題についての意見を言えば、たちまち火傷(やけど)してしまうのではないかという不安だ。

その気持ちはよくわかる。私自身、もし大学院に進学せず、沖縄での研究も始めることなく、宮崎で銀行員として暮らしていたら、沖縄の基地問題や辺野古について何の意見も持つことはなかっただろうし、ましてや議論に参加しようなどとは思わなかっただろう。そして沖縄は九州だと思い続けていたに違いない。

でも、私は沖縄に、そして辺野古に出会うことができた。出会ったことで多くの勘違いに気づき、いろんなことを学んできた。だから意見を持ち、議論もできるようになった。知ることが大事なのだ。

そのため本書は、多くの人たちに辺野古のこと、沖縄のことを知ってもらうための入門書として書いた。辺野古や沖縄について知り、考えることができるようになれば、この問題が自分たちにも関係していること、他人事にしておくわけにはいかないことに――私がそうであったように――気づくだろう。そういう人たちが増え、いま辺野古で進められていることの是非が広く議論されるようになることを、本書はめざしている。

第一章 辺野古の歴史

この本を手に取ってくれた方であれば、辺野古について何らかのイメージを持っていることだろう。そのイメージの多くは、普天間代替施設という名の新たな基地の建設予定地としての辺野古に由来するものであり、具体的には建設に反対している人たちの姿なのではないだろうか。ここではそれを、「辺野古」とカギ括弧をつけて表記することにしよう。

だが辺野古には、当然のことながら住民がおり、集落としての長い歴史をもっている。この固有の歴史を持つ、カギ括弧のない辺野古についての理解を深めることは、辺野古でおきている様々な事象を読み解くうえで不可欠である。

そこでこの章では、まず辺野古の歴史をたどっていく。この章を読むだけでも、これまでの「辺野古」イメージは、大きく変わるはずである。

「はじめに」でも書いたように、辺野古に大きな影響を及ぼしているのは米海兵隊基地キャンプ・シュワブの存在である。そのためこの章でも、シュワブの建設を軸に、建設決定の経緯と建設工事、および建設後「基地の街」として発展していく辺野古の様子を描き出していくことにしよう。

†シュワブ以前の辺野古

辺野古は、いまは名護市のなかに組み込まれているが、それは一九七〇年八月一日に名護町、羽地村、屋部村、屋我地村、久志村の五町村が合併して以降のことである。それ以前の辺野古は、現在の名護市東部にあたる久志村の集落であった。なお久志村が誕生したのは、一九〇八（明治四一）年四月、町村制が施行されたときである。

一九四五年四月一日、米軍は沖縄本島に上陸する。米軍は、五日には辺野古を占拠し、家屋を焼き払う。そして野戦病院や収容所などの駐留基地を設営し、捕虜や避難民を収容しはじめる。大浦崎収容所と呼ばれるようになったこの収容所に集められた人たちは、六月下旬には四万人を超えた。

その大浦崎収容所も一九四六年一月には廃止され、人びとが郷里に戻っていくと、久志村は元の寒村へと戻っていく。その久志村の、戦後の生活を支える基盤となっていたのが林業である。久志岳と辺野古岳のふたつの山に入って薪を集め、それを燃料源として他地域に売ることで現金収入を得ていたのである。

沖縄ガス株式会社が沖縄ではじめてガスの供給を開始したのは一九六〇年二月一日である。それ以前、そしてガス供給開始後もしばらくの間、沖縄の人たちの主要な燃料源は薪や木炭だったのだ。

この頃を指して「山依存」という言葉がつかわれることがあるほどに、林業は当時の辺野古における重要な生業であった。しかしそこから得られる収入はそれほど多いものではなく、経済的には厳しかった。

そしてガスの普及が進めば、薪の需要はいずれなくなるであろうこともわかっていた。このような状況にあった辺野古、そして久志村に、さらなる試練がもたらされることになる。

†米民政府からの要請

米軍は沖縄を占領した当初、沖縄の基地をそれほど重視していなかった。しかし一九五〇年六月に朝鮮戦争が勃発すると方針が転換され、沖縄は「太平洋の要石」として、軍事拠点化していくことになる。

日本本土に駐留していた米海兵隊が、本土での反基地運動の高まりを受けて、米施政権下にあった沖縄へと移転してきたことで、沖縄にはさらなる米軍基地の建設が進められる。そしてその矛先は、辺野古にも向けられることになる。

一九五四年一二月の初旬、米軍が沖縄を統治するために設置していた琉球列島米国民政府（米民政府）の土地課の軍曹が久志村に来村し、久志岳・辺野古岳一帯の山林野を、陸海空軍による銃器の実弾演習地として使用したいとの要請を行う。

これは久志村としては、到底受け入れられるものではなかった。山で実弾演習が実施されれば、山に入って薪をとることができなくなるし、山火事でも発生したら一大事である。そのため久志村議会は、「民の輿論として承諾致し兼ねる」として演習地使用に反対するとの決議を出し、米民政府にも承諾できないと返答した（『久志村議会議事録』）。

意外なことに久志村の主張は受け入れられ、演習地としての使用は中止となった。だが一九五五年七月二二日、米民政府は、演習地として使用予定であった山林野に加えて、耕作地として利用されていた辺野古の海側の平地も含めた一帯の新規接収を予告してくる。つまり新たな米軍基地の建設を求めてきたのである。

演習を中止したのは、最初から接収を予定していたからだったのだ。その三日前の七月一九日未明、米軍は宜野湾村（現・宜野湾市）伊佐浜集落の土地を強制的に収用している。それが完了するのを待って久志村にやってきたのだろう。

久志村では七月三〇日、「軍用地関係合同協議会」を開き、村長、助役、村議の全員、および久志区・豊原区・辺野古区・二見区という関係する区の区長および区民有志が出席し、対応を協議した。『久志村議会会議録綴』には、比嘉敬浩久志村長が「基本線は本村に軍用地をするな（いれるな）と、それで陳情したい」と述べて反対の意思を示す一方で、「伊佐浜、伊江島の二の足を踏まないように話し合いにより、お互いが有利になるように陳情するよう願います」と、接収を前提とした交渉をすべきだと発言する村議もいるなど、議論が紛糾した様子が記されている。

また村長はこの協議会で、「何処迄も村自体で解決する、与所から手を入れられないようにしたい」とも発言している。この発言の背景には、当時の沖縄で展開されていた「島ぐるみ闘争」がある。

沖縄での基地建設を急ぐ米軍は、伊佐浜に象徴されるように、強制的な軍用地の収用を進めていった。これに対して、沖縄側の中央政府である琉球政府や、その立法機関である立法院、そして各市町村はいっせいに反発し、土地の強制収用の停止と、これまで提供してきた軍用地の返還を求める抗議闘争に立ち上がった。これが「島ぐるみ闘争」であり、沖縄内の各政党や市町村長会、沖縄教職員会、沖縄青年連合会、沖縄婦人連合会などが超党派で組織した「土地を守る会総連合」が闘争を率いていた。

その「島ぐるみ闘争」が求めていたのは、①一括払い反対（土地の買い上げ、永久使用、土地使用料の一括払いを行わせない)、②適正補償(強制収用によって奪った土地に対する補償)、③損害補償(米軍によって加えられた損害に対する補償)、④新規土地接収反対の四点である。これらは総称して「土地を守る四原則」と呼ばれていたように、沖縄の土地を、そして人びとの生活を守るために、譲ることのできない条件であった。

しかし「山依存」の厳しい生活のなか、山林を奪われてしまえば途端に生活が苦しくなる久志村としては、今後の生活を維持することができなくなる可能性も考慮しなければならず、ただ反対を貫くだけではいられない状況にあった。「お互いが有利になるように陳情する」という意見が村議から出てくるのも、そうした事情を踏まえてのものである。

だが米軍の要請を受け入れれば「四原則」に反することになり、「土地を守る会総連合」などから非難されるであろうことは明らかだ。比嘉村長の口から出てきた「村自体で解決する」という言葉は、たとえ「島ぐるみ闘争」に反することになったとしても、あくまでも久志村として、村民の生活を守ることを大前提にした判断をしていくのだという決意のあらわれだったのだといえよう。

†辺野古区の動き

軍用地関係合同協議会の結果、久志村は琉球政府行政主席および立法院議長に、接収取りやめを訴える陳情文を提出する。だが米軍は接収の方針を変えることなく、八月には辺野古地区内の測量を実施すると伝えてくる。測量を許せば軍用地としての接収を認めることにもつながることから、辺野古区はこれに反対し、久志村にも反対するよう要請する。

だが今度は米民政府も本気だった。建ち並ぶ住宅と、その裏手にある畑地との間にマジックで線を引いた一枚の航空写真を見せながら、「もしこれ以上反対を続行するならば、部落地域も接収地に線引きして強制立退き行使も辞さず、しかも一切の補償も拒否する」(『辺野古誌』六三二頁)と勧告してきたのである。山林のみならず、集落内唯一の畑までも接収するというのだ(図1-1)。

補償もなしに土地を奪われてしまえば、生活が立ちゆかなくなる。そう考えた辺野古区は、おそらくは久志村当局にも知らせることなく、米民政府と水面下での交渉を進めていった。その交渉にあたったのは、区長や辺野古選出の村議、青年会長、婦人会長ほか一〇名によって組織される「有志会」のもとに設置された土地委員会である。

図1-1　線引きされた航空写真（『辺野古誌』27頁より）

土地委員会のメンバーは伊佐浜地区を訪れ、強制収用の実態を視察する。そのうえで、接収予定地の地主や有識者などの意見も聞きながら、慎重に協議を進めていき、最終的に、地主の利権を守り、地元に有益になるような条件をつけて折衝に挑むのが得策との結論に達する。

これを受けて「有志会」は、①農耕地はできるかぎり使用しない、②演習による山林利用の制限、③基地建設の際は労働者を優先雇用する、④米軍の余剰電力及び水道の利用、⑤損害の適正補償、⑥不用地の黙認耕作の許可、という六つの条件をつけたうえで受け入れることを決定する（『辺野古誌』六三二頁）。山依存の生活から脱却し、基地経済へとシフトしたほうが得策なのではないかと考えたのである。

†要請の受け入れ

翌年になると、久志村も次第に譲歩を余儀なくされていく。二月には米民政府から申し出のあった久志区内における演習の実施を許可し、五月には測量も許可している。また九月の村議会では、辺野古区の代表者が村長や議員に向けて、「どうせ接収されるから、こ(っ)ちからいくら(土地を守る)四原則とか唱へても仕方がない。辺野古住民の意志と同一になって貰ひたい」(『久志村議会会議録綴』)と、村も軍と条件交渉をするべきだと訴えるような動きもみられた。

この「辺野古住民の意志」については、米民政府法務局土地収用課が作成した「Receipt : Camp Schwab」(沖縄県公文書館所蔵)という公文書のなかに記録が残っている。ここには辺野古区長および土地委員会のメンバーが、米民政府に提出した書面が納められている。「壱(一)九五六年八月二十六日上記の通り署名捺印せるものなり」という文章で終わるこの書面には、土地の使用料を毎年支払うこと、土地の所有権は手放さないこと、不要になった土地は返還することなどを条件に、「我々、地主代表者及び合衆国マリン隊のそのキャンプを設置予定地域における直接関係者は、必要とする土地に対して合衆国代表者と契約の締結を欲する」と書かれている。つまりこの時点で辺野古の地主たちは、米軍と土地の賃貸契約を結ぶことに合意していたのである。

そして一一月二三日、村議会に議案第二二号「軍用土地賃貸契約締結について」が上程される。米民政府の要請を受け入れるか否かの審議がなされることになったのである。

もっともこれは重要な議案であることから、各議員はそれぞれの地元に持ち帰ったうえでの検討をすることとなり、二六日午前一〇時に改めて議会が招集された。議事録にはまず、議長の「議案二十二号は皆さん充分検討されたことと思ひますが如何ですか」との呼びかけが書かれている。しかし、なかなか意見が出てこなかったようで「(暫らく無言)」との文言がみえる。結局、休憩にはいることとなり、審議は午後に持ち越される。

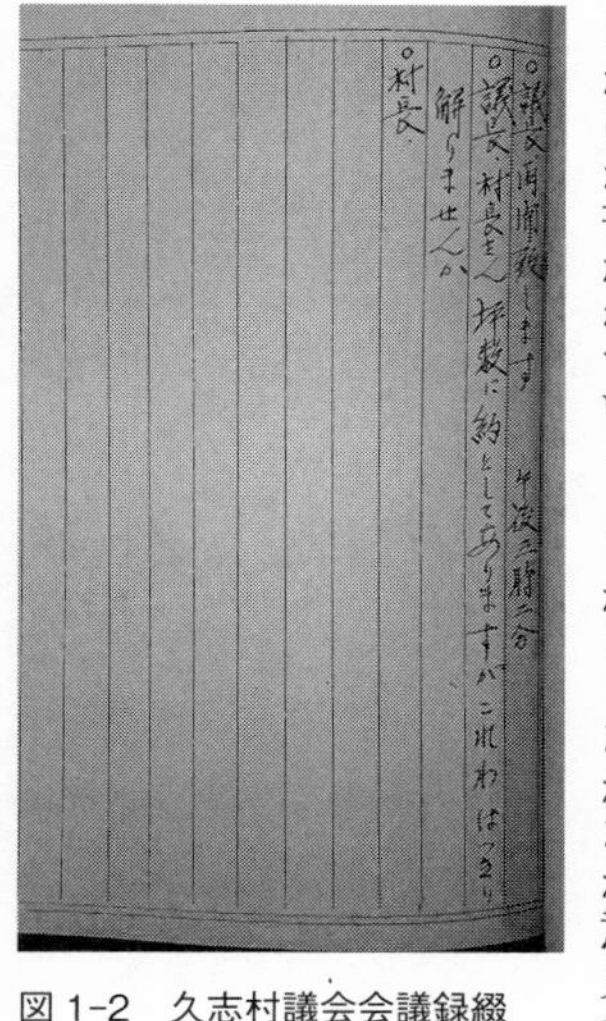
○議長 再開致します 午後三時二分
○議長 村長さん 坪数に約としてありますがこれわはっきり解りませんか
○村長

図 1-2　久志村議会会議録綴

議会は午後三時二分に再開し、いよいよ審議が始まる。まず議長が村長に「坪数に約としてありますがこれわ(は)はっきり解りませんか」と問いかける

（図1－2。以下、断りのないものは筆者撮影）。だが議事録はここでとまっており、次のページからは速記録のような手書きのメモが九枚続き、それで一九五六年の議事録は終わる。なぜ清書がなされなかったのか。その理由はわからないが、それだけ重要で、外に漏らしてはならない議論だったということなのだろう。

とはいえメモは残っているのでまったく内容が読み取れないわけではない。古文書を解読できる方の協力を得ながら読み取ったところ、議論の流れはつかむことができた。

そこには、「二三日に亘り検討した。考へて見ればことわる事も出来ない。（島ぐるみ闘争を率いていた）土地を守る（協議）会との話し合いは当局の方で説明して、この案は提案通り可決したひ」、「我等の希望として本案を原案通りにして載せたいと思ひます」という議員の声が書かれていた。さらに辺野古区選出の議員による、「現下の状勢なら止むを得ないことと思ひます」との発言も確認できる。このように議論は次第に締結のほうへと意見が固まっていった。

そしてついに議長が「二十二号議案は可決して要望事項は村当局に一任。その儘二十二号議案は可決します」と発言し、「もみにもんだんですが之で閉会します」との言葉とともに、午後三時二二分、議会は閉会した。ついに久志村は、米軍基地を受け入れることを決めたのである。

†沖縄の人たちの反応

久志村での新規接収についての報道がなされたのは、それから約一ヵ月後のことだった。この件についての情報を入手した「土地を守る会総連合」が、一二月二〇日の午前中、琉球政府および立法院に対し、問題の円満収拾に努力するよう要請し、あわせて、一括払いによる実質的な土地買い上げに等しいこと、村長を代理人とする契約の問題性などを指摘した陳情書を提出したことを、『琉球新報』『沖縄タイムス』ともに一二月二〇日付夕刊で報じたのである。

これは裏を返せば、一ヵ月もの間、久志村は自分たちの決断を外に漏らさずにいたということでもある。「何処迄も村自体で解決する、與所から手を入れられないようにしたい」という姿勢が貫かれたのだ。

『琉球新報』の記事の冒頭に、「久志村辺野古一帯六百二十八エーカー（約七十六万八千坪）に、突然、新規接収の予告が通達され、接収業務が進められているという事態の発生が明らかにされて、事態は俄然人々の耳をそばだたしめるに至った」とあるように、この問題は沖縄の人たちの関心を急速に集め、紙面は連日、この問題で持ちきりとなる。

一二月二一日、比嘉村長は、六名の地主代表とともに、現在の沖縄県知事にあたる存在である行政主席のもとを訪れてこれまでの経過を報告し、あわせて報道機関に対し、「契約に署名する」という久志村村長としての方針を発表している。

この件について報じた『琉球新報』の記事（一九五六年一二月二二日付朝刊）には、村長が契約に署名する決意をした理由が書かれている。それによれば、すべての地主が契約に賛成していること、地主の意思を村長の職権で曲げることはできないこと、反対することで伊江島や伊佐浜のように強制収用されてしまえば村民を不幸にしてしまうこと、米軍基地が建設されれば村民の経済にも村の財政にも寄与すること、所有権の買い上げではなく不要になったら地主に返すという契約であること、などといったことが列挙されている。

ここからは、辺野古を中心とする地主たちが議論を主導していたことが窺えるとともに、強制収用への不安と経済発展への期待とが入り混じるなかでの決断であったことが伝わってくる。

また同紙面に別記事として掲載されている「久志村長の話」には、「久志村が賃貸契約をやることには相当の勇気を要したが私は村長として常に村民の利益と幸福を念願しており、村民の意思を尊重し村民の福祉のために取るこの措置に対し各方面から批判を受けるのは覚悟の上である」との決意が表明されている。「島ぐるみ闘争」の最中における土地賃貸契約の締結である。「抜け駆けだ」という非難が降りかかってくることは自明だった。それでも比嘉村長は、「村民の利益と幸福」のために、批判覚悟で受け入れを決意したのである。

この久志村の決断は、当然のことながら大きな波紋を引き起こしていった。二一日の午後にはさっそく立法院の議員らが久志村を訪問し、実態調査を行っている。そしてこの件が「土地を守る四原則」の一角を崩す行為であると捉え、立法院として検討すべき事案であるとの認識を深めていく。

政党の対応も様々であった。革新政党である沖縄社会大衆党は、「これはひとり久志村だけの問題ではなく、全琉に及ぶ問題である」との姿勢を示し、さらに「契約書そのものが地主には十分了解されていないという感を受けるとともに村当局さえ契約書を十分検討していないウラミがあった」(『琉球新報』一二月二四日付朝刊)と、久志村および地主の同意に対して批判的な見解を示した。

一方で保守政党であり、のちの自民党沖縄県連につながる琉球民主党は、「地主の生活が十分に保障され、米国が琉球の経済発展を保護することであれば、最小限度の新規接収はこれを認めるべきであろう」としたうえで、「久志村の問題も、地主が村長に委任して契約を行わしめるというのであれば、差支えないと思う」（同記事）と久志村の決断への理解を示している。

†住民たちの声

新聞には、住民の声も登場している。一二月二八日の『琉球新報』朝刊には、三人の地主の意見が掲載されている。そこには、「強制収用をうけて悲惨な目にあうよりはあっさり軍に貸してその金で何とか今後の生活を考えていきたい」「今さらわれわれが反対したってどうにもならない」「われわれ（に）は荷が重すぎてとやかく言ってもどうにもならない」といった声が紹介されている。

また同日の『沖縄タイムス』にも、米民政府との交渉を行ってきた辺野古の地主と立法院議員との議論が紹介されており、「われわれはアメリカに統治権を握られているのだからその範囲内でしか動けない」「軍に対して私たちは「われわれも協力できる点はどこまでも協力する。その代わりわれわれの要望も容れてくれ」とはっきり述べた」といった言葉が並んでいる。

ここからもわかるように、住民もまた、自分たちの力ではどうしようもできないという不安のなか、なんとかして生活を守りたい、という思いで契約を受け入れていたのである。

†土地賃貸契約の締結

こうしてこの問題は沖縄で広く議論されることとなったが、久志村も地主たちの決意も変わることはなかった。

一二月二八日、比嘉敬浩久志村長は、関係地主の委任状を携えて軍司令部のあるライカム事務所に向かい、米軍との土地賃貸契約を締結する。のちにキャンプ・シュワブと名付けられることになる米海兵隊基地の建設が決まった瞬間である。

この情報は翌日、すぐに報道された。『琉球新報』一九五六年一二月二九日付朝刊は、「注目の土地新規接収　久志村辺野古一帯」「村長ら遂に契約　一年分の賃貸料と補償金受領」との見出しで大きく報道している（図1-3）。

記事には、「きょうはくたくたに疲れている。何もしゃべりたくない。地主代表に聞いてくれ」と質問を避ける村長や、「私には締結する権利はない」とだけ答える地主代表の様子も描かれており、久志村や辺野古にとって、この決断がいかに重いものであったのかをうかがい知ることができる。ちなみに同記事の下には、立法院の土地対策委員会が二九日の朝にこの契約の件について協議を行うとの記事が掲載されており、沖縄の指導層もこの件に注目していたことがわかる。

なお翌三〇日付の『琉球新報』には、契約の詳細が報じられている。それによると、辺野古区には翌年六月末までの賃貸料（五四万六七二六円）と地上物件の補償費（一八一万八七二円）、補償金（八万三〇三二円四〇銭）など計二四五万一九二円四〇銭の小切手が、契約締結に伴いもたらされている。これはもちろん、強制収用されていれば入ってこなかったお金である。

†村長の思い

このようにして久志村は、米軍との土地賃貸契約を結び、新規接収を受け入れた。この決断は、反対しても接収は免れ得ないという諦めと、強制収用への恐怖、そして基地を受け入れることによる経済的な利益への期待が入り混じったものだった。

年が明けて一九五七年一月一〇日に開催された久志村議会定例会の会議録に残されてい

注目の土地新規接収

久志村辺野古一帯

村長ら遂に契約

一年分の賃貸料と補償金受領

久志村長[illegible]氏ほか六名の地主代表は二十八日民政府土地課長アッグル少佐と久志村辺野古の七十六万八千坪の土地賃貸契約について昼食抜きで数時間にわたって会談、午後軍事務所で契約締結の署名をするとともに一年分の賃貸料と地上物件の補償金額を受領、ここにプライス勧告後はつの新規接収地の賃貸契約が成立した。

[illegible]

契約書内容

[illegible]

瀬長那覇市長への非協力声明

人民党員および同調者

雇用拒否も考慮

富原氏実業界の意思表明

[illegible]

実業人すでに百四十名が署名

[illegible]

きょう対策を協議

立法院各派土地対策委

[illegible]

記者席

反共のお株はこちら

[illegible]

図 1-3 『琉球新報』1956 年 12 月 29 日付朝刊

る、比嘉村長の年頭の挨拶には、こうした思いがよく表れている。

（前略）村政も御陰様で順調に進展して居ます。特に本村に於ては去年十二月の二十八日に辺野古の軍用地も契約に調印したのでありますが、勿論土地を守る会又日本とも関連はしますが、基地をもつことにより村の経済が豊かになり亦共産主義も排撃するので、勿論地主が承諾したので四原則の一角が崩れたので世間は大騒動したのでありますが、併し土地を提供することにより村民の経済がよくなり、経済が豊かになることにより土地も提供したのであります。

今後村政も方針を変へなければなりませんし、如何にして弗を獲得す（る）かに産業経体も整へたいのであります。（後略）

ここで村長が強調しているのは、基地を受け入れることによる経済効果への期待である。もちろん久志村も地主たちも、諸手を挙げて受け入れを歓迎しているわけではない。しかし山林を強制収用されてしまえば、補償も得られないまま生活の糧を失うことになるし、薪の需要がいつまで続くかもわからない。だから全島を敵にまわすことも覚悟の上で軍と交渉して土地賃貸契約を結び、基地とともに歩んでいく道を選んだのである。

村長が語った基地経済への期待は、基地受け入れという決定が正しいものであったことを証明するためにも、経済発展という結果を勝ち取らなければならないという意識の表れなのだといえよう。

†辺野古区民の思い

その村長の思いが語られてから九日後、辺野古区民の思いが、今度は広く沖縄全域に向けて語られた。一月一九日、米軍の指示のもと制作された、五人の辺野古区民の意見が録音された番組を、沖縄のラジオ局であるRBC琉球放送が放送したのである。

このラジオで流れた番組の音源が、米国立公文書館に残っている。ちなみにこれを発見したのはNHK沖縄のディレクターで、これを元にふたつのドキュメンタリー番組（ETV特集「辺野古　基地に翻弄された戦後」二〇一九年九月二一日放送、BS1スペシャル『証言ドキュメント辺野古』二〇一九年一〇月六日放送）が制作されている。私は両番組の協力者として関わっていたことから、音源を聞かせてもらい、文字起こしをしたという経緯がある。

それはさておき、ここで語られている辺野古区民の言葉からは、米軍によって「語らされた」という側面を差し引いても、率直な思いが伝わってくる。その一部を紹介していくことにしよう。

まず契約当時、辺野古区長を務めていた男性の言葉を見ていこう。彼は、「私はこのマリンキャンプが計り知れない大きな経営を辺野古に必ずやもたらすことを信じています。私は私たちがやったことの結果として、私たちの子どもたちが、私たちが過ごしてきた生活よりももっともっとよい生活ができうるようになることを固く信じています」と、経済発展と生活水準向上への期待を語っている。ここだけを切り取れば、辺野古はお金のために受け入れたのだとしか見えないだろう。

しかし、その後に登場する地主男性たちは、口々に沖縄が置かれている立場の危うさについて語る。

「現在沖縄は米国によって統治されており、今後も続けられることでしょう。これは我々がいかんともすることのできない現実である」

「大敵たりとも恐れずというのはもはや昔の言葉、我々沖縄の地位立場を考えたときに、実に限りある力である」

「相手方の考え方、力を知らないうえ、自分の力もわきまえず、自分の立場もわからず、自分の立場もわきまえずに闘ったなら、いくら闘っても危ういものであります」

そしてこのような状況にあるがゆえに、「米琉間の諸事の問題に対し、反対の表現をする前に、軍側と我々が納得のいくまで話し合い、相談的態度にでて、そして軍の意見もきき、また我々の意見を通して双方の意見が相マッチして、はじめて双方の不平不満を解決することができるのではないか」という考えに至ったことが語られるのである。

また、基地がもたらす経済効果への期待の背景に、経済的な貧しさがあったことも語られている。ＰＴＡ会長をしていた男性は、「現在までの苦しい山林の生活も、基地をもつことで解消されて、そして新しい経済の革命によって、この発展を期待することができ、区民の幸福も築かれるものと信じます。また山村としての久志村、基地のないここに大きな景気の波が押し寄せてくると思います。この千載一遇の絶好の機会を、できるだけ有利に展開させるように努力することが、賢明な策であり、そして円満な解決をしてはじめて住民の幸福が得られ、区の発展はおろか、村または北部の発展が約束されることでしょう」と、「山依存」からの脱却への期待を語っている。

番組に登場する唯一の女性も、「私の希望は簡単です。私は子どもや孫たちによりよい人生の生活を与えることを望んでいます。そしてこの村に水道や電話、電灯などの文化設備がほしいのです。私は子どもたちに立派な教育を授けることによって、かれらが将来よい機会をつかみ、衣食住に恵まれた立派な生活をすることができるようになることを望んでいます」と、よりストレートに期待を表明している。

もうひとつ、土地賃貸契約を結んだことについての地主男性の意見を紹介しておこう。彼は、「土地は現在も将来も私たちのもので、私たちの子孫に分け与えるもので、私たち家族のものであります。私たちは米国が必要とする間、私たちの土地を使うことも許しております。しかし米国は、もはやいらないと決めたら、当然私たちの手に帰ってくるわけになります。したがって私たちは契約に賛成したわけです」と、土地の所有権を売り渡したわけではないこと、将来的に返還される可能性があるから契約したのだと説明する。

別の地主男性も、「売国奴などと脅してはいけません。個人の所有権の背後に残る、残存主権があるというならば、一括払いを受けたからといって国土を売ったことにはならないし、従って売国奴（売国土）にはならないはずです」と、言葉遊びを交えつつ「土地を守る四原則」に反してはいないことを強調している。

こうした声からは、当時の辺野古区民が、反対しても基地建設を止めることはできないという諦めのもと、それでも自分たちの生活を維持し、そして発展させていくために米軍と交渉し、土地賃貸契約を結ぶことを決めたのだということが伝わってくる。

そしてその決断を、周りからとやかく言われる筋合いはないという思いも、強く持っていた。例えば地主男性は「(四原則という)標語で縛られるのではなく、我々の自治の判断に従って問題を処理していくようにしたいもので、一部の指導層のみに任せておくべきものではないと思っております」と語ることで、土地を守る会総連合に代表される沖縄の指導層からの批判に反論している。また区長も、「私たちが米国人とともに私たちの将来のためにやっていくことに対して、なにとぞ干渉しないではほっておいてください」と語っている。村議会で「何処迄も村自体で解決する、與所から手を入れられないようにしたい」と語った村長の思いを、辺野古区民もまた共有していたのである。

†建設工事がもたらした影響

基地の建設に向けた工事が始まったのは一九五七年三月のことである。土地賃貸契約の締結から二カ月あまりで着工したことになる。

提示していた条件どおり、辺野古の住民も建設作業員として雇用された。だがそれよりも経済的に大きかったのは、沖縄全島、および奄美大島などから押し寄せてきた労働者たちの存在である。

辺野古の人たちはまず、彼らに住まいを提供するため、部屋を間仕切りしたり、庭に新たな小屋をつくって貸家にしたりなどして、下宿人を受け入れるようになる。「ほとんどの家で同一敷地内に二〜三軒の貸家が所狭しと建ち並ぶ程に貸家業が繁昌し、一時代の建築ラッシュも続いた」(『辺野古誌』六三五頁)とあるように、辺野古区民の多くは、基地労働者に部屋を提供することで、家賃収入を得るようになった。

また、労働者向けの食堂、料亭、小料理屋、商店、そして映画館までもが次々と開業していく。また地主に入ってくる地代を狙ったのであろうか、本工事が始まる前の一月一三日には三和銀行辺野古出張所も開設されている。さらにバスターミナルもつくられ、他地域への移動もしやすくなった。

さらに辺野古は、宅地開発にも取り組んでいく。七月には区長を委員長とする都市計画委員会を結成し、結果的に接収を免れた、集落の北側に広がる畑地を造成し、過密化傾向にあった住宅地の拡張を図る。この造成工事は米軍の援助を得て進められた。

なかでも米民政府土地課長アップル中佐の全面的な協力のもと、ブルドーザーなどの重機が貸与されており、この功績を讃え、造成地につくられる町の名前は「アップルタウン」と命名された。もっとも一般には「上部落」と呼ばれており、それに伴い海沿いにある旧来からの集落は「下部落」と呼称されている。

その上部落には住宅だけでなく飲食店、バー、料亭が開店するようになり、そのエリアは「辺野古社交街」と呼ばれる一大特飲街と化した。そして電気や水の需要が高まったことから、これも契約時の条件として示されていたとおり、電気と水道の敷設が進められていった。

このように辺野古は、建設工事が始まったことで、急速に商業地区へと変貌していった。山依存の生活の頃とは比較にならない現金収入を得られるようになり、あらゆる経済基盤が根底から変わっていった。

その一方、基地建設も着々と進められていった。一九五九年九月三日には、米本国より海兵隊員二〇〇〇人が移駐してくる。このとき辺野古区民は、「部落入口には前夜急ごしらえに用意した「ウェルカム・マリン」の横断幕がはられ、その下で部落民がさかんに歓迎の手を振っている」（『琉球新報』一九五九年九月四日付夕刊）という歓迎ぶりを示している。基地建設の過程で経済効果を十二分に味わったことが、こうした歓迎につながったのであろう。

　そして遂に一〇月三日、二年有余の歳月と一四〇〇万ドルといわれる莫大な事業費を費やし、基地は完成する。これが、現在も辺野古にある米海兵隊基地、キャンプ・シュワブである。ほぼ同じころ、並行して建設が進められていた辺野古弾薬庫も完成した。

†駐留開始後の盛衰

　米兵の駐留が始まると、辺野古は「基地の街」として歩み始める。

　辺野古社交街には、米軍の衛生基準をクリアしており、米兵を客とすることを許された「Aサインバー」だけでも八〇軒近いバーやレストランが営業していた。Aサインを持っていない店舗も含めると、二〇〇軒以上もの店が営業していたという。こうした飲食店の多くは、沖縄内の他の「基地の街」で米兵相手の商売を行っていた人たちが、辺野古に移ってきて始めた店である。

『琉球新報』一九五九年一〇月一二日付朝刊には、「辺野古の都計地域　借地申込みが殺到」という見出しの記事が掲載されている。それによれば都計（都市計画）地域、すなわち上部落の整地された一六万五〇〇〇平方メートルの土地の賃貸申し込みが、一〇月四日の時点ですでに埋まったという。さらに辺野古区事務所で本契約が結ばれたことを報じる一一月一六日の記事には、「辺野古マリン部隊めあてにしたバー、キャバレー、ホテル、映画館、おみやげ店、商店などあわせて約四百軒が建つことになっていて仮契約をすませている」とある。

こうして辺野古に移り住んできた人たちのなかには、そのまま辺野古に住むようになった人たちもいる。旧来からの住民はこうした人たちのことを「寄留民」、そして自分たちを「原住民」や「旧住民」と呼ぶようになっていった。

この寄留民の増加もあって、辺野古の人口はどんどん増えている。『辺野古誌』によれば、シュワブ建設前の一九五五年の人口は五二二人だったが、完成後の一九六〇年には一三八九人に増え、一九六二年以降は二〇〇〇人を超えている。これに駐留米兵も加わるのだから、辺野古は以前とは比べものにならない人たちが集まっていたことになる。

人が集まれば事件も増える。一九六〇年五月一五日の『琉球新報』夕刊は、土曜日であった前日の一四日に辺野古で米兵による事件が立て続けにおきたことを報じている。トランジスタラジオを盗んで逃げた、酔った米兵が住宅に押し入ってブロック塀を倒し雨戸をたたき壊した、ウイスキーのボトルを盗んだ、などアルコールがらみの事件ばかりだ。

逆に同年八月一五日の同紙夕刊には、十数人の辺野古住民が、民家に投石して逃げた米兵を捕まえてリンチしたという記事も載っている。これは青年会によって組織されていた自警団によるもので、米軍内の警察であるＭＰ（Military Police）が到着するまでトラブルを放置しておくわけにもいかないことから、自主的にトラブルの対処にあたっていたのである。

一九六五年にアメリカがベトナム戦争に介入すると、辺野古社交街の盛況はピークを迎える。訓練基地だけでなく、兵士の休養を兼ねた施設としての役割も果たしていたシュワブには、多くの米兵が集まってきた。そして彼らは、戦地に赴く不安を吹き飛ばすために、あるいは戦地で受けたストレスを発散するために、社交街に繰り出していったのである。「ベトナム景気」ともよばれた当時の景気は相当なものだった。当時バーを手伝っていた男性によれば、「こんなバケツあるな、アメリカのバケツ、大きなバケツ、そのバケツにドル紙幣ぼんぼん、足でふみつけて。一晩でもうかるんだ」と、ドル紙幣をレジに入れる暇もないほどだったという。

その一方で米兵による事件も頻発する。その犠牲者の多くは女性であった。那覇から辺野古に嫁いできて、夫やその妹たちとバーを経営していたある女性の手記には、米兵によるバーのマダム殺し、米兵に覚えさせられた麻薬による幻覚症状から焼身自殺した女性、生きるために売春を強いられた女性のことなどが書かれている（創価学会婦人平和委員会編『いくさやならんどー』第三文明社）。

だが、一九七一年の変動相場制導入によりドルの価値が相対的に下がったあたりから、社交街の盛況にも少しずつ陰りが見え始める。さらに一九七二年五月一五日に沖縄が本土に復帰し、一ドルが三六〇円から三〇五円へと切り下げられたことで、ドル建てが主流であった社交街は大打撃を受ける。

一九七五年にベトナム戦争が終結すると、社交街に出てくる米兵も減り、以前のようなお金の使い方もしなくなった。その結果、飲食店も閉店し、社交街はあっという間に衰退していった。

とはいえ、辺野古にとってシュワブは、ただ客となる米兵が駐留している基地というだけの存在ではない。それは「基地の街」辺野古の一側面に過ぎないのである。次章では、シュワブと辺野古がいまどのような関係にあるのか、詳細に見ていくことにしよう。

第二章
辺野古のいま

沖縄自動車道を北上し、宜野座（ぎのざ）インターチェンジで降りて、国道329号に出る。そこから左折してしばらく行くと名護市に入る。さらに車を進めると、道の両脇に真新しい立派な建物が見え始める。国際海洋環境情報センター（GODAC）、名護市マルチメディア館、国立沖縄工業高等専門学校。これらはすべて、辺野古が普天間基地の移設先になってから建設された建物である。

その先にある信号には「辺野古」の地名標識がかかっている。そこを右折すれば辺野古の集落だ。集落の入り口には「WELCOME　辺野古社交街」と書かれた大きな看板がたっている。これは辺野古商工社交業組合が建てたもので、現在のものは二代目（図2－1、図2－2）。初代の看板には「WELCOME APPLE TOWN」と書かれていた。そして看板の下には、「アップルタウンの由来」を説明する立て看板が、初代の頃からずっと設置されている。

那覇から辺野古に行くには、このルートがいちばん早く、順調にいけば七〇分ほどで到着する。そう聞くと、思ったよりも近いと思う人もいるだろう。確かに時間的には近い。しかし心理的な距離はかなり遠い。多くの人たちは、信号で右折することなく、そのまま329号を走り、右手にあるキャンプ・シュワブと、左手にある建設反対運動の仮設テン

図2-1、図2-2　商工社交業組合看板。上が初代のもの

トを見ながら、名護市街地方面へと向かう。

†辺野古社交街の現在

そんな辺野古は、いまどうなっているのか。ここでもやはり、シュワブとの関係を中心に描き出していくことになるのだが、その前に、前章の最後でその盛衰を見てきた辺野古社交街の現在を簡単に紹介しておこう。

辺野古社交街に米兵

があふれるような風景は、今はもう見られない。だがまったく米兵が顔を見せないかといえば、そうではない。米兵御用達のバーもあるし、インドカレー屋やタトゥーショップもある（図2－3）。週末になれば、そうした店に集まる米兵は、今も多い。

住民向けの飲食店もまだまだ健在である。社交街ができた当初から営業を続けているバーやレストランには独特の風情が残っているし、辺野古の若者が新しく始めたバーもある。そうしたお店にふらりと米兵が入ってくることも、そう珍しいことではない。

ただ、今はどちらかといえば、社交街というよりは住宅地としての側面が強くなっている。もともと宅地として造成した上部落には、手狭な下部落を離れ、新しく家を建てる住民も多く、そうした住宅の並ぶなかに飲食店があるといったほうが正しい。

このように書くと、辺野古にとってシュワブは、今ではそれほど経済的に重要な存在ではなくなっており、住民との接点も少なくなっているように感じるだろう。だが、それは違う。

シュワブ完成から六十余年の時間を経るなかで、辺野古とシュワブとの関係は深く、そして複雑になっている。その実態について描き出していくことにしよう。

図 2-3　バーとタトゥーショップ

†軍用地料の存在

第一章で見てきたように、久志村は米軍と土地賃貸契約を結ぶことで、シュワブの受け入れを認めた。そのため、土地を提供した地主には借地料が支払われることになる。これを軍用地料という。

この軍用地料は、一九七二年五月一五日に沖縄が本土に「復帰」するまでは、それほど大きな金額ではなかった。だが復帰に伴い、その金額は跳ね上がる。

復帰後、日本政府は日米安全保障条約に基づき、米軍用地を土地所有者から借り受け、米軍に提供する義務を負うことになった。しかし沖縄には反米、反基地の観点から土地の提供を拒む地主が多くいる。そこで、契約を円滑に進めるために、地料を平均して六倍に引き上げたのである。同様の理由から軍用地料の算定額は毎年上がり続けており、現在では投資の対象にさえなっている。

その結果、提供している土地の広さによって異なるが、シュワブに土地を提供している地主には、それなりのまとまったお金が軍用地料として毎年支払われている。さらに重要なのは、辺野古の人たちの共有林もシュワブに提供しているため、その共有林に対しても軍用地料が支払われていることである。

そもそもこの共有林は、かつて旧住民の祖先が苦労して買い取った土地であった。その経緯を簡単に見ておこう。

琉球王府の時代、沖縄では、王府林を地元の字（現在の区）で管理・保護させており、その代償として住民が自由に伐採し、利用することが認められていた。これを杣山（そまやま）制度といい、杣山とはその山林のことを示している。この杣山が一九〇六年、村に払い下げられることになる。

広大な杣山をもっていた久志村では、払い下げられた杣山を購入するための莫大な費用を支払わなければならず、結局三〇年の年賦で購入することとなった。そして村は、字が管理していた山林に関しては、字に売り渡した。これが旧住民の共有林となったのである。もちろんその代金は字の住民が払うことになっていたため、住民は長い間、年賦の償還に苦しめられたという（『辺野古誌』二三九〜二四〇頁）。

このような経緯で共有林となった土地が軍用地となったのである。もっとも共有林の所有権者は、法的には名護市であるため、正確には名護市有地となっている。そのため、本来であれば軍用地料はすべて名護市の歳入に組み込まれることになるのだが、共有に至る経緯を勘案し、名護市では軍用地料の六割を名護市が、山林を管理している管理区である辺野古区が残りの四割を受領する分収歩合制を採用している（名護市林野条例四七条二項）。

こうした複雑な歴史をかかえた共有林に対して支払われる軍用地料を、辺野古区は毎年受領している。その額は、現在では年間二億円を超える、巨額の収入となっている。

そのため、人口一七〇〇人程度の辺野古区の年間予算は三億円にも及んでおり、区長や事務職員の給与などの人件費、地域の祭礼や行事にかかる費用、子どもたちの育成費などに使われているほか、近年では区民に対して「生活支援金」の名目で年間数万円の還元もなされるようになっている。つまり辺野古区民はすべて、シュワブからもたらされる軍用地料による恩恵を受けているのである。

そして軍用地料は、金額の大きさもさることながら、辺野古区内部の勢力構造にも大きな影響を与えている。なぜなら共有林は、旧住民の祖先が苦労して買い取った土地であり、その共有林に対して支払われている軍用地料も、本来的には旧住民の所有に属するものであるという認識が広く区民に共有されているからだ。

そのため、歴代の区長は必ず旧住民から選ばれてきているし、区の最高意思決定機関である辺野古区行政委員会の一八名の構成員のうち、その過半数は旧住民が占めるように調整されている。つまり辺野古は、旧住民の意思がより強く反映される勢力構造となっているのである。

†米兵との交流

そして、シュワブが辺野古に与えているものとして忘れてはならないのが、米兵をはじめとする米軍関係者との接触、交流が日常的に発生しているという環境である。それは飲食店に米兵が客として来るというだけのものではない。辺野古では、様々な行事に米兵が参加することが恒例となっており、それは意識的になされているものである。

まず、行政委員会のなかに設置されている親善委員会について説明しておくことにしよう。もともとはシュワブ建設工事中の一九五七年一〇月、久志村との間で設置された組織で、当時は地域の生活環境や学校施設の整備などへの協力や、地域住民の基地関係の仕事への優先的な雇用などを要請する場であったが、一九七〇年代になると辺野古区とシュワブとの間の友好団体へと変わり、地域の年中行事への参加やスポーツ大会の開催などを呼びかけるようになっていった（『辺野古誌』六二三〜六二四頁）。

†角力と米兵

こうした交流は現在でも続いている。ここでは六月に毎年開催されている角力大会について紹介することにしよう。角力とは「カクリキ」とも「スモウ」とも呼ばれる、沖縄独自の相撲のことで、沖縄各地で大会も開催されている。

角力は、道着を身に着けた選手が、腰にまいた帯を互いにつかんで右四つに組んだ状態から始まる。相手の両肩を地面につけたほうが勝ちとなり、土俵の外に出てしまったら中に戻ってやり直しになる。一般的に私たちが知っている相撲（江戸相撲）とはずいぶんと異なるルールである（和田靜香・金井真紀『世界のおすもうさん』岩波書店）。このようなルールなので決着は簡単にはつかず、投げ技も多くなるため、試合として見ていて楽しい。

辺野古では元々、田んぼの畦道（アブシ）の草を刈って虫を払う「アブシバレー」という年中行事のなかで角力がとられてきた。それが現在では辺野古の区民をはじめ、周辺地域からも出場者を集める大会になっている。なお大会運営は辺野古青年会が行っており、焼き鳥や焼きそばなどの軽食やお酒も売られている。その収入は、青年会の貴重な活動資金にもなっている。

夕方くらいから始まる大会の最初は、小学生のこどもたちの試合で始まる。友だちどうしで、あるいはきょうだいでの試合だけでなく、米兵の子どもが参加することもある。優勝すると自転車などの賞品がもらえるので、子どもたちも必死だ。そして観客席には、親たちだけでなく、米兵の姿もみられる（図2-4）。会場のアナウンスも、日本語のあとに英語でも流れる。通訳しているのは、シュワブで長年、渉外担当として勤務している方だ。

子どもたちの試合が終わると、次はトーナメント戦による大人たちの角力なのだが、その前に毎年行われているのが、辺野古青年会とシュワブの米兵との五対五のエキシビションマッチである（図2-5）。体格的には米兵に劣る青年たちだが、子どもの頃から角力をとってきた経験が勝るようで、最後には青年会チームの勝利で終わることが多い。

図 2-4　角力を観戦する米兵たち

図 2-5　辺野古青年会 vs シュワブ

トーナメント戦にも米兵が参加している。二〇一九年の大会では過去最多の一七名が出場し、米領サモア出身の兵士が米兵として初めて決勝戦まで勝ちあがった。準優勝に終わったのだが、相手が他地域から出場した選手であったこともあり、サモアの選手を応援する人のほうが多かったように感じた。

†米兵との交流が持つ意味

この角力大会に代表されるように、イベントを通した米兵との交流は様々な形で行われている。ハロウィンやクリスマスの時期には子どもたちが基地に招待され、お菓子やケーキをもらうなどの交流がなされる。三年に一度、旧盆の時期に行われる辺野古大綱引きでは、綱を引く米兵の姿が見られる。ソフトボールの交流試合も互いがホストになりながら続けられている。

また、爬竜船（はりゅう）と呼ばれる船をチームごとに漕いで航海の安全や豊漁を祈願するハーレー競漕や、年に一度開かれる区民運動会にもチームとして参加している（図2-6）。そういうとき、シュワブは「辺野古一一班」と名乗る。辺野古は地域のなかで一〇の班に分かれており、ハーレーや運動会も班対抗で行われている。つまりシュワブは、辺野古の一一番目の「名誉班」として位置づけられているのである。

このような交流が積極的になされているのは、まずシュワブとの関係を良好に保ちたいからという理由があげられる。第一章で見てきたように、かつてシュワブの米兵と区民との間にはトラブルが頻発していた。そうした問題の発生を未然に防ぐために、良好な関係を築いておくことは有益である。

シュワブ側にとっても、訓練をはじめとする基地での様々な活動を円滑に遂行するうえで、地域との関係が良好であることは望ましい。だから辺野古はイベントに米兵を招待し、米兵も積極的に参加するのだ（図2－7）。

それに加えて辺野古としては、シュワブを自分たちの地域の内側へと組み込んでいくことで、シュワブをできるかぎりコントロール可能な存在にしていこうという意図もある。シュワブを「シュワブ班」ではなく「一一班」と位置づけているのは、その意味で象徴的である。外部からのゲストとして扱うのではなく、身内として受け入れることで、辺野古という地域の枠内にシュワブを置こうとしているのであろう。

もちろん日米地位協定によって守られている米軍を完全にコントロールすることはできない。でも、いやだからこそ辺野古は、少しでもシュワブを制御するべく交流を進め、関係を築いてきた。それは辺野古にとって、米軍基地とともに暮らしていくための、生きる術なのだ。

†シュワブを組み込んだことが生み出す問題

このように辺野古は、六十余年の歳月を通してシュワブとの関係を深め、そして組み込んできた。それは山依存の寒村から「基地の街」への移行を余儀なくされた辺野古の人たちが、辺野古で生活を営み続けるために対応し続けてきた歴史の帰結である。それは致し方ないことであった。だがシュワブを組み込むという選択をしたことによって、辺野古が米軍基地の存在を否定することは、かなり困難なことになってしまった。

ここまで述べてきたように、シュワブは辺野古に軍用地料収入をもたらしている。イベントを通した交流も盛んだし、飲食店を経営している人たちにとっては大事な客でもある。さらに辺野古には、米兵や基地内で働く米軍属と結婚した人もいるし、そこには子どもが、さらには孫が生まれている。軍を辞めて辺野古で生活をしている元米兵もいる。つまり辺野古にとってシュワブは、客であり、隣人であり、友人であり、そして「住民」でもあるのだ。このような地域で基地反対の声を上げることがいかに困難なことかは、容易に想像

図 2-6　ハーレーに参加する米兵

図 2-7　友好の証（辺野古公民館のエントランスにて）

できるだろう。

それに加えて辺野古は、米軍基地というものがどのような施設で、米兵や軍属がどのような人たちであるのか、基地や米兵がどんな問題を引き起こすのか、そして地域にどのような利益がもたらされるのかを、シュワブを通して経験している。つまり辺野古の人たちは、基地や米兵の存在に慣れているといえよう。

基地反対の声をあげづらく、基地の存在に慣れている。そのような地域である辺野古が、普天間基地の移設先として選ばれたのである。そのことは、普天間基地移設問題をめぐる辺野古の反応を理解するうえで、決定的に重要である。

「はじめに」でもすでに書いているように、辺野古は二〇一〇年五月に条件つきで普天間代替施設／辺野古新基地の受け入れを容認している。その詳細についてはこのあとの章で見ていくことになるが、ここではとりあえず、反対を貫くことよりも、受け入れを容認することのほうが、辺野古にとっては選びやすかったということを指摘しておきたい。

その前にまず確認しておく必要があるのは、普天間代替施設／辺野古新基地が建設されることは、辺野古の負担を確実に高めるということである。海を埋め立てて建設される新たな基地は、滑走路を備えた巨大な基地である。建設後は戦闘機の離発着による騒音が発生することは確実で、それは、飛行場をもたないシュワブからもたらされる騒音とは比べものにならない。

海が埋め立てられれば、風景も大きく変わる。特に沖合にある小さな無人島で、辺野古の人たちにとって大事な信仰の対象であり、遊びに行く場所でもある平島(ひらしま)が浜辺から見えなくなり、島に渡ることもできなくなってしまうことは、とてもつらいことである。

にもかかわらず辺野古が「受け入れ容認」を選択している背景には、反対を貫くことの難しさに加えて、受け入れによって生じる負担と、それに対する対応についての具体的なイメージを持っていることがある。たしかに騒音については未知である。しかし少なくとも米兵との付き合い方については熟知しているし、基地に対する要請を行うルートも持っている。こうした経験がない地域と比べれば、基地受け入れのハードルは低い。

また辺野古の人たちは、受け入れによって生みだされる利益を具体的にイメージすることもできる。それはかつて辺野古が、シュワブ受け入れによって活性化したという歴史によって裏付けされている。しかも米兵で賑わっていた辺野古社交街は寂れたままである。辺野古を再度活性化させようという思いを持っていた住民にとって、普天間の受け入れは「千載一遇のチャンス」とも映っていたのである。

そして辺野古がそのような地域であること、つまり、新たな基地の受け入れに対する抵抗がそれほど強くなく、そして活性化への期待をもっている地域であることを、実は政府も熟知していた。

政府が普天間基地の移設先を沖縄県内で探していた一九九六年当時、防衛庁防衛局長として移設計画にたずさわっていた秋山昌廣は、後年、テレビ番組のインタビューを受けてこう語っている。

> 辺野古の人たちは基地は受け入れるねという判断はみんな持っていたと思いますね。まあキャンプ・シュワブ……全体に米軍がどんどんどんどん縮小していきましたから、その米軍基地である意味で潤っていた辺野古が非常に寂しくなっていたんですよね。ですから、この辺野古に普天間の代替基地を造るというときに割合とね、地区の、まあ古い人たちでしょうけれども、あっ、昔が……あのその繁栄が戻るかもしれないといったようなね、期待があるということをね、少し聞きましたですね。感じましたですよ。
>
> （BS1スペシャル『証言ドキュメント辺野古』二〇一九年一〇月六日放送）

つまり政府もまた、辺野古は受け入れる可能性があると見越していた。だからこそ辺野古は、普天間代替施設の建設候補地として名指しされたのである。

その政府の思惑どおり、辺野古は普天間代替施設／辺野古新基地の受け入れを容認した。現在、辺野古の海には、土砂が日々投入されている。次章からのふたつの章では、普天間基地移設問題の歴史的な経緯を振り返りながら、その時々に辺野古がどのような応答を示してきたのかを見ていくことにしよう。

第三章

普天間基地移設問題の経緯①

一九九五－二〇一〇

ここから二章にわたって、普天間基地移設問題の経緯を振り返っていく。とはいっても、四半世紀を超える期間を振り返ることになるので、起きたことを書くだけでも大変な長さになってしまう。そこで本書では、転機となる事象にスポットライトを当て、その時々における辺野古の応答を軸にしながら描き出していくことにしよう。

†一九九六年四月――普天間基地移設問題の発端

普天間基地移設問題の発端は、一九九五年九月に起きた、三人の米兵による小学生少女への暴行事件である。この痛ましい事件は沖縄の人たちに怒り、悲しみ、悔しさなど、様々な感情を引き起こした。

一〇月に宜野湾海浜公園で開催された県民総決起大会には八万五〇〇〇人ものひとたちが集まり、大田昌秀沖縄県知事は、「行政の責任者として、少女の尊厳を守れなかったことを心の底からおわびしたい。本当に申し訳ありませんでした」と詫びた。

この沖縄での動きは政府に動揺を与えた。このまま何の対策も取らなければ、在日米軍や日米安保への疑念が全国に広がる可能性があったからだ。そこで政府は沖縄の基地負担軽減に向けた交渉をアメリカ政府との間で進め、一一月には「沖縄における施設及び区域に関する特別行動委員会」が発足する。

英語の正式名称の頭文字をとって「SACO」と呼ばれることの多いこの委員会は、一九九六年四月、中間報告を発表する。そこには複数の米軍施設の返還、一部の訓練の日本本土への移転、日本に駐留する米軍、米軍人などの法的な地位について定めた日米地位協定の運用改善などの軽減策が提示されていた。そしてその最初に書かれていたのが、米海兵隊基地普天間飛行場、すなわち普天間基地の返還である。

普天間基地は、沖縄戦に巻き込まれた普天間村の住民が避難したり収容所に入れられたりしている間に、米軍が強制的に接収した土地につくられた。土地を奪われた住民たちがやむを得ず周辺に住み始め、現在でも多くの住宅や公共施設が基地を取り囲むように建ち並んでいることから、「世界一危険な基地」とも言われている普天間基地の返還は、沖縄にとっての悲願であった。

だが返還には、沖縄県内に普天間基地の代替施設となるヘリポートを建設し、そこに普天間基地の基地機能を移転するという条件がつけられていた。これが普天間基地移設問題の発端である。

同じ沖縄県内に新たな米軍基地を建設しなければ、普天間基地の返還はなされない。これが「沖縄の基地負担の軽減策」として位置づけられてしまったことが、問題がここまで長引いていることの根底にあることを、ここで改めて確認しておきたい。

†一九九七年一月――「命を守る会」発足

このような根源的な問題を孕(はら)みながらも、ここから争点は、県内のどこに代替施設を建設するかに移っていく。極東最大の空軍基地である嘉手納基地への統合案、中城湾(なかぐすく)ホワイトビーチ水域への移設案など、いくつかの候補地があがっては打ち消されていくなか、六月に入ると辺野古崎の沖合が有力な候補地として浮上してくる。すでにシュワブがあり、その沖合も米軍が排他的に使用できる制限水域であった辺野古は、当初から有力な移設先と目されていた。

これに対して比嘉鉄也名護市長は反対の意思を表明し、七月には市民総決起大会まで挙行する。辺野古でも、区の最高意思決定機関である辺野古区行政委員会が受け入れ反対の決議を出した。だが一二月にだされたSACO最終報告で建設予定地とされたのは、やはりシュワブ沖だった。

ここで一人の辺野古区民を登場させることにしよう。西川征夫である。一九四四年に辺野古で生まれ、辺野古で育った「辺野古人（ひぬくんちゅ）」の西川は、若い頃にシュワブで働いたり、自民党国会議員後援会の青年部で活動したりといった経験を持っており、仕事も塗装業をはじめ土木建設業に従事してきた、政治的には保守の立場にあった人物である。だから西川は当初、辺野古が普天間代替施設の建設予定地になったことを「千載一遇のチャンス」だと思ったという。

そんな西川は一九九七年一月一六日、辺野古公民館で開催された「海上基地問題を考える辺野古区民との対話集会」（共産党北部地区委員会主催）に参加する。「共産党は嫌だけど、普天間の移設計画について知りたいという気持ちのほうがまさっていた」のだそうだ。

集会で西川は、普天間基地の現状や地域にもたらす弊害の大きさを知り、シュワブとの規模の違いに恐怖を覚える。そして、建設されてしまえば「負の遺産」を子や孫に残すことになる、絶対に阻止しなければならないと決意する。

反対決議を出している辺野古区行政委員会が阻止行動までは起こしていないこと、その背景にはシュワブとの関係の深さがある以上、区民が率先して反対運動を組織し、行政委員会を動かす必要があると考えた西川は、集会で反対の声を上げていた区民に声をかける。

こうして一月二七日に結成されたのが、「海上ヘリポート建設阻止協議会」、通称「命を守る会」である。その初代代表に就任したのは、西川だった。当時五三歳、「区行政だけにはまかせていけない、というひとつの使命感」に突き動かされての就任だった（図3-1）。

なお、会の正式名称が「海上ヘリポート建設阻止協議会」となっていることからも明らかなように、「命を守る会」の目的はあくまでも海上ヘリポート、すなわち普天間代替施設の建設阻止である。シュワブをはじめ、米軍基地への反対運動ではないからこそ、辺野古の住民による反対運動団体が結成され得たのだということにも、ここでは注目しておきたい。

†一九九七年四月――「辺野古活性化促進協議会」発足

一方で辺野古には、西川が最初に「千載一遇のチャンス」だと思っていたように、普天間代替施設の建設を、辺野古の再活性化につなげたいと考えている人たちもいた。先述した防衛庁防衛局長の秋山が感じていた「繁栄が戻るかもしれないといったような期待」を持っている人たちである。

そんな区民が集まって、「命を守る会」の発足から約三カ月後の四月二四日に立ち上げ

図 3-1　当時の「命を守る会」事務所の写真（石塚誠氏提供）

たのが「辺野古活性化促進協議会」である。会の名称が表しているように、かれらの目的は辺野古の活性化を促進することであり、そのために普天間代替施設を受け入れ、引き換えに振興事業を獲得しようとしていたのである。

この「促進協」の会長に就いた島袋勝雄もまた、辺野古で生まれ育った「辺野古人」だ。西川より五歳年上の島袋は、もともとは反基地運動を盛んにやっていた、西川曰く「バリバリの革新」だったという。

その一方で島袋は、辺野古の活性化を常に考えていた人物でもあった。かつて保守だった西川は、辺野古に危険な基地を残さないようにするために反対運動の代表となり、かつて革新だった島袋は、辺野古の活性化のために推進運動の代表となる。どちらも辺野古の将来を思っての選択だった（図3－2）。

ちなみに、私が島袋に初めて会ったのは二〇〇四年八月のことだ。このとき島袋は、「辺野古はエビみたいにあとずさりしながら背を向けないでいるんだよ」という、とても印象に残る話をしてくれた。「背を向ける」とは、受け入れ反対の意思を前面に押し出すこと。つまり辺野古は、反対の気持ちを抱きつつも、少しずつ譲歩しているのだという意味である。

ここから垣間見えてくる、何のてらいもなく賛成しているわけではないという矜持と、うまく政府と交渉して活性化につなげようという「したたかさ」。普天間基地移設問題に対する辺野古の人たちの姿勢がよく現れている発言だ。

†一九九七年一二月～一九九八年二月――名護市民投票と名護市長選挙

当初は受け入れに明確な反対の意思を示していた比嘉鉄也名護市長だったが、一九九七年に入ったあたりから、次第に態度を軟化させていく。その背景には、受け入れの代償として政府から様々な経済振興策を引き出そうとしていた、土木建築業界を中心とする名護

図 3-2　両団体の立て看板（石塚誠氏提供）

市財界からの圧力があった。そして四月には、那覇防衛施設局（現・沖縄防衛局）が要請していたシュワブ沖での水域調査を受け入れてしまう。

これに対して反対派の市民たちは六月、名護市民の民意を示すために住民投票を実施するべく、「ヘリポート基地建設の是非を問う名護市民投票推進協議会」（市民投票推進協）を結成し、住民投票条例を制定するために必要な名護市有権者の署名を集め始め、最終的に当時の有権者のほぼ半数におよぶ一万七五三九人の署名を集める。これはリコールによる罷免を危惧させるに十分な数であり、条例制定に反対していた市長および与党系市議も、投票の実施を余儀なくされた。

そこで市長は、「賛成／反対」の二者択一から、「賛成／環境対策や経済効果が期待できるので賛成／反対／環境対策や経済効果が期待できないので反対」の四者択一への変更を中心とする修正案を提起する。これに与党系市議も賛同したため、最終的に住民投票条例は、この修正案を受け入れる形で一〇月二日に可決され、名護市民による住民投票、通称「名護市民投票」の実施が決まる。

この二択から四択への修正について、市民投票推進協代表の宮城康博は後年、「市民が直接請求した市民投票条例は否決され、保守系の市長と議員により条件付賛成という選択肢を含む市民投票のステージにすりかえられた。（中略）県知事選挙や名護市長選挙のたびに争わされ続ける「基地反対か経済か」という選択肢のステージが、あのときつくられた」と述懐している（宮城康博『沖縄ラプソディ』御茶の水書房）。

辺野古区民、名護市民、そして沖縄県民が、基地問題と経済振興という、二者択一にしてはならないし、なりえないはずの選択肢をめぐって翻弄される日々は、このとき始まったのである。

ともかく、住民投票の実施が決まったことで、反対派の市民は「反対」票を、推進派の市民は「条件つき賛成」票を、それぞれ獲得するべく活動を展開する（図3－3）。辺野古

図 3-3　当時の名護市街地の写真（石塚誠氏提供）

古でも「命を守る会」、「辺野古活性化促進協議会」がそれぞれ集票活動を展開した。

政府も、橋本龍太郎首相が「海上ヘリポートが受け入れられなければ、普天間がそのまま残る」と発言し、一方で官房長官や沖縄開発庁（現・内閣府）長官が名護市や沖縄本島北部地域を対象とする振興事業を提案するなど、硬軟おりまぜた揺さぶりをかけてきた。

一二月二一日の投票日、投票率八二・四五パーセント、三万一四七七票が投じられた結果は、反対＋条件つき反対が一万六六三九票、賛成＋条件つき賛成が一万四二六七票、無効五七一票となり、反対票が過半数を占めた。名護市の有権者の多数は、受け入れに反対の意思を示したのである。

だがその三日後、事態は急転する。上京した比嘉市長が橋本首相と会談して受け入れの意思を伝え、さらに名護市民投票で示された民意とは異なる判断をしたことの責任をとって、市長職を辞任したのである。こうして名護市民は、市民投票の熱も冷めやらぬうちに市長選挙を迎えることになった。

一九九八年二月八日、市長に当選したのは、自民党をはじめとする保守陣営が擁立した岸本建男だった。岸本は名護市役所の助役として比嘉市長を支えていた人物であり、行政経験の長さをアピールポイントにした選挙戦を展開した。そして普天間代替施設の受け入れについては「知事の判断を待つ」というスタンスに立ち、意思を明確に示してはいなかったが、容認していることは明らかだった。名護市民は、市民投票から四九日後、受け入れを容認する市長を誕生させたのである。

このふたつの選挙は、当然のことながら辺野古にも大きな影響を及ぼした。特に「命を守る会」からは、市長選挙のあと、主に四〇代から五〇代の会員が一人、また一人と脱退していった。

シュワブと共に歩んできた辺野古の人たちにとって、新たに建設される基地であるとはいえ、反対運動を続けることは難しいことなのだ。そして西川も、一年間の激務によって体調を悪くしたこともあり、四月に開かれた総会をもって代表を辞任し、一会員となった。

†一九九九年一二月——岸本市長、条件つき受け入れ表明

一九九八年一一月一五日に投開票を迎えた沖縄県知事選挙で、三期目の当選を目指して立候補した大田昌秀は、自民党を中心とする保守陣営が推した県経営者協会特別顧問であり、琉球石油(現・りゅうせき)の元社長である稲嶺恵一に敗れる。

稲嶺は公約で、「政府との信頼関係の修復」を強調した経済振興策を前面に掲げつつ、普天間代替施設は辺野古沖ではなく、本島北部の陸上部に最長一五年の使用期限をつけた軍民共用空港として建設することを掲げていた。これで名護市と沖縄県の首長が二人とも、政府に協調的な立場となった。

これを受けて政府は、一九九九年中に移設先を確定させる「年内決着」に向けて動き出し、一一月二二日には稲嶺知事が、普天間基地の移設先を「米軍キャンプ・シュワブ水域内の名護市辺野古地先に正式決定した」と表明する。その条件の最初には、公約である一五年の使用期限つきの軍民共用空港にすることが挙げられていた。

次は名護市である。政府は一二月一七日、沖縄に関連する基本政策を協議することを目

的に設置された沖縄政策協議会を開催し、そこで沖縄本島北部一二市町村を対象とする「北部振興事業」のための特別な財源措置として、一〇年間で一〇〇〇億円の予算を確保したことを稲嶺知事に伝え、知事もこれを高く評価する。名護市商工会も北部振興事業を評価し、全会一致で普天間代替施設の受け入れを決議する。そして岸本市長も一二月二七日、普天間代替施設の辺野古沿岸域への建設を条件つきで受け入れることを表明した。ついに沖縄県も名護市も、辺野古への移設を認めたのである。

ただし稲嶺知事も岸本市長も、あくまでも条件つきでの容認であった。特に岸本市長は、①安全性の確保、②自然環境への配慮、③既存の米軍施設等の改善、④日米地位協定の改善および当該施設の使用期限、⑤基地使用協定、⑥基地の整理・縮小、⑦持続的発展の確保という七つの条件をつけており、受諾表明の際に「このような前提が、確実に実施されるための明確で具体的な方策が明らかにされなければ、私は移設容認を撤回する」とまで述べている。

特に④日米地位協定の改善と、建設される基地への使用制限の設定は、どちらも日米間の合意が必要であることから、実現はかなり難しい。しかし住民の安全性を確保するためには、どうしても譲れない条件でもあった。

とはいえ、名護市が受け入れ容認に転じたことに変わりはない。辺野古にとってそれは、大きな状況の変化であった。二〇〇〇年一月、辺野古区行政委員会は普天間基地の移設に関して審議し、住民が不安にならないよう、そして区にとって有利になるような条件を整備していく必要があると決議した。「受け入れる」「容認する」という言葉が使われていないとはいえ、これは事実上の移設容認決議である。

当時の辺野古区長は、「基本的には辺野古沿岸域への移設は望まないが、現在の国際情勢、SACO合意、名護市長が条件付き受け入れ表明したことにかんがみ、今後の動向を見据えて辺野古住民に不安なく、辺野古区に有利になるように慎重審議をし、条件整備等を行う必要がある。（中略）市長も住民への悪影響があれば移設に反対するとしており、その中で条件整備、条件闘争していこうというものだ」と答えている（『沖縄タイムス』二〇〇〇年一月二六日付朝刊）。

基本的には反対なのだが、政治的には辺野古に移設する方向で進んでいる以上、区としては住民の不安を取り除き、さらに辺野古地域になんらかのメリットがあるような形での受け入れの可能性を探らざるを得なかったのである。

†二〇〇二年二月——名護市長選挙

二〇〇二年二月三日に投開票を迎える名護市長選挙に立候補したのは、現職の岸本建男と、名護市民投票推進協議会の代表であり、その後は名護市議として活動していた宮城康博だった。

「はじめに」にも書いたように、私は二〇〇一年一二月、宮城を応援する活動に参加したのだが、実は選挙期間中もジュゴン保護キャンペーンセンターの方たちといっしょに宮城陣営の選挙運動を手伝っている。

宮城への投票を呼びかけるテープを流す街宣車を運転したり、ビラを配って歩いたりといった活動をしながら、選挙中の名護市の様子を観察していた。電柱には両陣営のビラが貼られ、道路沿いにはのぼりが立ち並び、選挙カーからは沖縄民謡にのせた候補者の応援歌が流れる。これまで見たことのない、市全体が盛り上がっているような選挙の熱に浮かされ、研究者という立場も忘れて真剣に宮城の勝利を願った。

選挙戦の最終日、両陣営は打ち上げ式を行った。先に行われた宮城陣営の打ち上げ式に参加したあと、岸本陣営の打ち上げ式を仲間と見にいった。名護市長選挙では、保守系候補の打ち上げ式は、名護の中心市街地である名護十字路で行われることになっている。その四つ角はびっしりと岸本の支持者で埋まっていた。その差は歴然だった。

果たして勝ったのは岸本だった。九二〇二票の大差をつけての圧勝だった。選挙戦において岸本陣営は、北部振興事業の成果として、ＩＴ企業の誘致と育成のための高性能ＩＴ施設「名護マルチメディア館」を辺野古区に隣接する豊原区に建設したことや、二〇〇四年度の開校をめざす国立沖縄工業高等専門学校の辺野古区への誘致成功などの行政手腕を前面に押し出していた。

その一方で、普天間基地移設問題については、前回の市長選と同様、言及しないという戦略をとった。その方針は徹底しており、新聞での紙上討論会も、名護市にある名桜大学の学生が要請していた公開討論会も、「スケジュールの都合が合わない」という理由ですべて拒否していた。移設については何も言わないほうが市長選では勝てる。そんな空気感が漂っていた。

†二〇〇四年八月――沖縄国際大学ヘリ墜落事故

市長選挙から約半年がたった七月二九日、普天間飛行場代替施設協議会の第九回会議が首相官邸で開かれた。稲嶺知事と岸本市長も出席したこの会議で、普天間代替施設の建設位置を名護市辺野古沖とし、埋め立て方式の軍民共用空港とする「普天間飛行場代替施設の基本計画」が合意された。

滑走路の長さ二〇〇〇メートル、面積約一八四ヘクタールの基地を、工期九・五年、約三三〇〇億円の建設費をかけて建設するという計画で、その後「沖合案」と呼ばれるようになる。なお使用期限は明記されなかった（図3-4）。

二〇〇二年一一月一七日の沖縄県知事選挙では、革新系の候補が分裂したこともあり、稲嶺が圧勝で二期目の当選を決めた。その後、軍民共用空港として建設される普天間代替施設の民間部分の事業主体となることを沖縄県が拒否し続けたため、しばらく動きは止まるのだが、それも二〇〇三年一二月には防衛施設庁が軍用部分と民間部分の両方の事業主体になることに決まり、政府はいよいよ、建設に向けて具体的に動き始める。

その手始めとして計画されたのが、辺野古沖の海底に穴を掘って地盤の堅さなどを調べるボーリング調査である。これに対して反対派の市民は、ボーリング調査を行うこと自体が自然環境の破壊であり、海底に広がるサンゴ礁や、建設予定海域に生息している国の天然記念物である海棲哺乳類ジュゴンへの影響があるとして強く反発した。

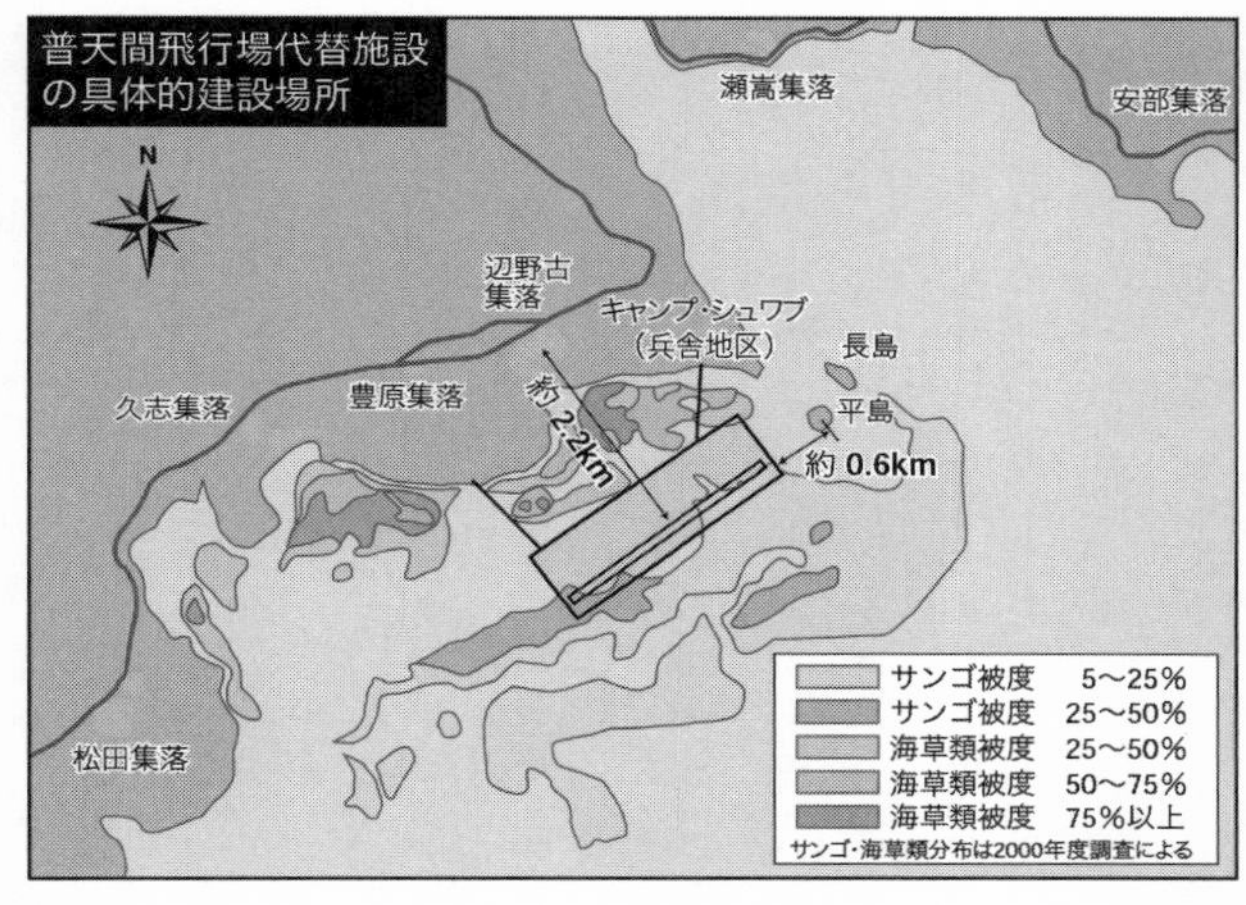

図3-4　沖合案（『沖縄タイムス』2002年7月29日付夕刊、沖縄タイムス社提供）

二〇〇四年四月一九日未明、那覇防衛施設局は、約二〇台の車両と大勢の業者を連れて辺野古を訪れた。事前に情報を入手していた反対派市民は、急遽現地に集まり、猛烈な抗議で応じた。海上では、調査船の出航を防ぐために、漁港の入り口あたりに数隻のカヌーが待機していた。結局この日は天候不良を理由に調査は中止となり、施設局職員は立ち去った。

この日以来辺野古では、海岸沿いにある埋め立て地に設営された通称「テント村」での座り込み運動が続けられていく。運動を主導していたのは、名護での反対運動を主導してきたヘリ基地反対協議会と、沖縄県内の平和運動や人権、環境問題等に取り組む団体を統轄する平和市民連絡会である。「命を守る会」も、この当時は反対の意思を強く持ち続けていた辺野古の高齢者たちが中心になっていたが、運動のシンボルとして座り込みに参加し続けていた。

座り込みは、名護市内外から集まってくる人たちによって、毎日続けられた（図3-5）。そのさなかにあった八月一三日、普天間基地所属の大型輸送ヘリコプターCH53Dが、普天間基地に隣接する沖縄国際大学構内に墜落するという大事故が発生する。奇跡的に市民に死傷者は出なかったが、普天間基地の危険性を知らしめる事態に、沖縄では連日、報道が続いた。しかし日本政府の反応は薄く、小泉純一郎首相は「夏休み」を理由に沖縄県知事や宜野湾市長の面会を拒絶している。

ところで私はこのとき、辺野古にいた。「はじめに」でも書いたSさんの自宅に二週間滞在させてもらいながらのフィールドワークの最中だったのである。

そしてこの日は、初めて西川征夫への聞き取りをした日でもある。西川が経営する金物店に行く途中で携帯がなり、墜落事故の発生を友人から聞かされた私は、このまま聞き取りに行くかどうか、一瞬躊躇した。でも、このタイミングで話を聞けるのは幸運でもある

図 3-5　テント村の様子

と思い直し、金物店に入った。テレビには墜落したヘリを映す臨時ニュースが流れており、それを凝視する西川の姿があった。

以来、私は毎年のように西川を訪問し、聞き取りを続けていくことになるのだが、このときはもちろん、そのようなことになるなんて思ってもいなかった。

†二〇〇四年九月――海上での阻止行動開始

このヘリ墜落事故は、移設を進めたい政府にとっては、むしろ追い風となった。普天間基地の危険性が明らかになった以上、早く辺野古への移設を進めることが大事だという論理が成り立つからだ。

「普天間基地の危険性除去」という、何度も政府が使うことになる移設を正当化する言葉は、このときに形を持ったように思う。

さて、那覇防衛施設局は九月八日、翌日の朝からボーリング調査を実施すると通告する。辺野古漁港には、前夜から「命を守る会」事務所に宿泊して備えていた者も含め、早朝から約五〇〇名が集まった。海上での阻止行動が必要になると予測し、カヌーに乗る練習をしたり、小型船舶の免許をとるなどして事前に備えていた反対派の市民たちは、カヌーや小型船で海に漕ぎ出した。海上での阻止行動が始まったのである。

その後も海での攻防は続いていく。作業船にいる施設局の職員や業者の人たちに向かってハンドマイクを通して説得を試みるだけでなく、ボーリングのための機材を設置する「単管」とよばれる〝やぐら〟(単管足場)に乗り込んで掘削作業を押しとどめる者、酸素ボンベを背負って海に潜り、調査地点の海底に座り込む者までいた。

このような身を挺した阻止行動によって、ボーリング調査の実施が押しとどめられ続けたこともあって、日米両政府は沖合案では建設は難しいという認識を抱くようになる。二〇〇五年二月、日米双方の外務・防衛担当閣僚による日米安全保障協議委員会(2プラス2)が開かれた際には、沖合案の堅持が合意されたものの、その後、日本側から代替案の

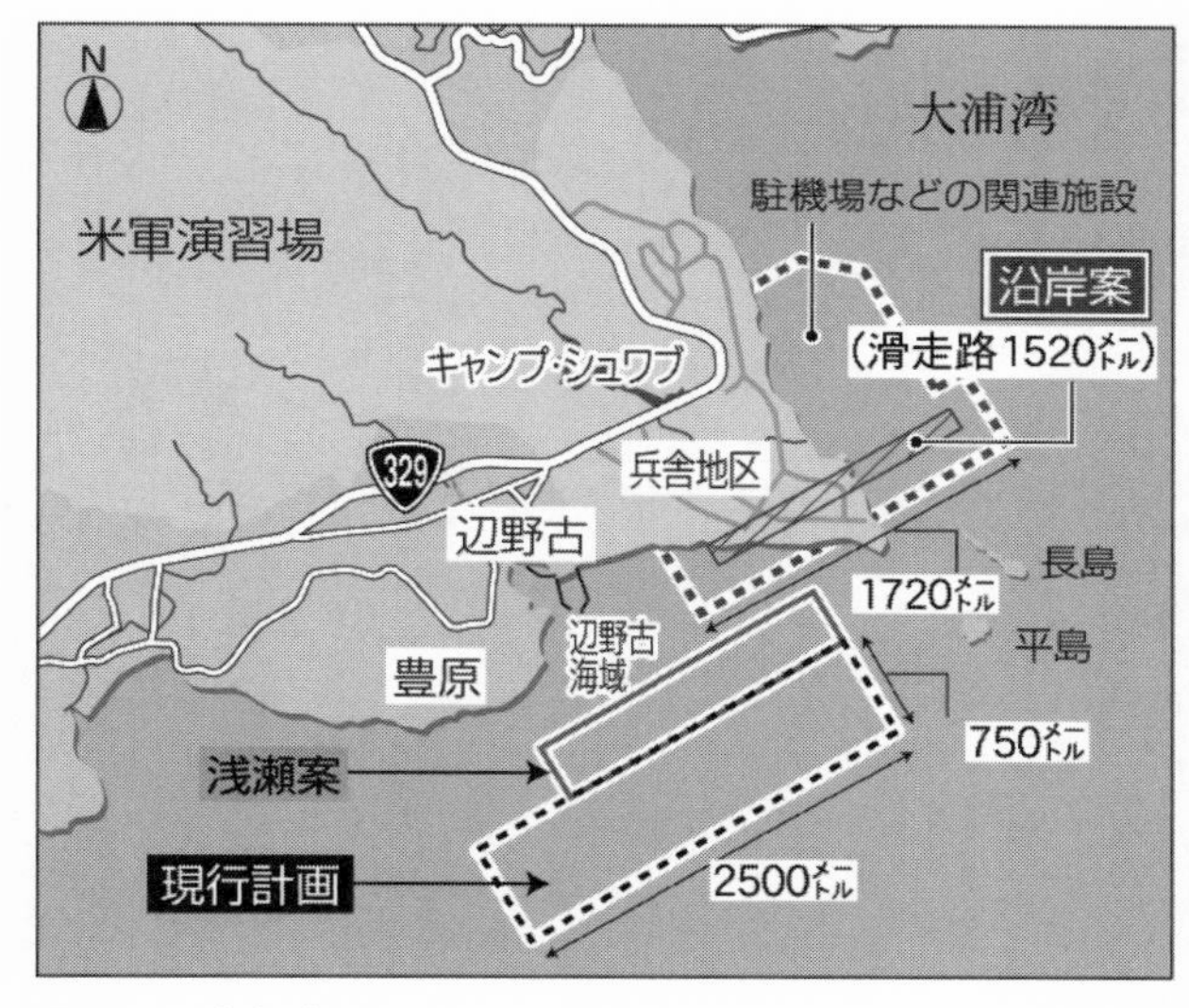

図3-6　L字案（沖縄タイムス2005年10月27日付朝刊、沖縄タイムス社提供）

提示があれば移設先の見直し協議に応じるという方針がアメリカから示され、沖合案の廃案が次第に濃厚になっていった。

†二〇〇五年一〇月——沖合案からL字案へ

一〇月二六日、日米両政府は新たな移設案で合意する。シュワブの兵舎地区を一部活用し、その沿岸部を埋め立ててL字型の施設とする「L字案（沿岸案とも）」である（図3－6）。

そして二九日、米国防総省で開催された日米安全保障協議委員会（2プラス2）において、L字案への変更を含む在日米軍再編の中間報告「日米同盟――未来のための変革と再編」が合意された。これにより、沖縄の基地負担軽減を目指して始められた普天間基地移設計画は、世界規模で進められている米軍再編計画に正式に組み込まれることになった。

L字案の建設予定地は、沿岸部を含めて米軍の占有領域内にあるため、反対運動による妨害に悩まされることもないし、沿岸部の埋め立て工事は辺野古や名護の土建業者でも受注しやすい。辺野古への移設を推進する立場の者たちにとっては、都合のいい案だといえる。しかもL字案で建設される基地は、軍民共用の施設でもなく、また使用期限も設定されなかった。稲嶺知事の公約がまったく無視された案だったのである。

そのため知事は、三一日に県庁に訪れた防衛施設庁長官に対し、L字案を拒否すること、沖合案以外は受け入れられず、そうでなければ県外への移設を求めていくと応答した。岸本名護市長も同様に拒絶した。L字案の場合、基地はさらに辺野古集落に近づく。九九年に示した七条件の第一に挙げられていた「安全性の確保」が期待できないことは明らかだった。

そして辺野古もL字案を拒絶する。辺野古区行政委員会は臨時委員会を開催し、①地元に説明がなく論外である、②移設先地域に配慮された案ではない、③住宅地域に隣接し騒音被害が大である、④住宅地に近く将来事故が懸念され普天間の二の舞になる、という四つの理由とともに、全会一致で反対決議を出したのである。

†二〇〇六年四月――V字型案での合意

二〇〇六年一月二二日の名護市長選挙に、岸本は出馬しなかった。健康上の理由による勇退だった。なお岸本は三月二七日、逝去している。

選挙は、岸本を後継し、自民党と公明党の推薦を受けて立候補した前名護市議会議長の島袋吉和が当選した。二〇〇二年の県知事選挙と同様、この名護市長選挙でも反対派は分裂した。保守派の票も獲得しなければ市長選には勝てないと判断した革新系の政党が、保守系の元名護市議会議長、我喜屋(がきや)宗弘を候補にたてたことに納得できなかった市民が、辺野古での運動の最初期から活動していた名護市議、大城敬人(よしたみ)を推したからだ。反対派が分裂するなかで、政府の支援を受けた現職の後継者に勝てるはずがなかった。

この選挙のときは、私は名護に行っていなかったので、二月に辺野古を訪れた際、西川に選挙のことを聞いた。西川によれば、「命を守る会」も票をまとめられず、自主投票になったということだった。勝つ可能性が高い我喜屋を推したい会員と、いっしょに闘ってきた大城を推したい会員とで意見が割れたのである。

そして辺野古区民のあいだには、L字案が提示されてきたあたりから、やはり国のすることにはもう勝てないのだから、条件をつけて容認すべきところはするという考えの人たちが増えてきたと語っていた。どれだけ反対運動を行っても移設計画自体はなくならず、むしろ集落に近づくL字案になってしまった。そのことが辺野古の人たちにもたらしたのは、怒りもあっただろうが、それよりも諦めのほうが大きかったのだろう。

もっとも、当選した島袋も岸本に従い、L字案には反対することを公約に掲げていた。にもかかわらず島袋は、市長になってから三カ月も経たない四月七日、L字案を修正した政府案に合意してしまう。一六〇〇メートルの滑走路を二本建設してV字型にし、それぞれを着陸用と離陸用とにわけることで集落への騒音被害を軽減するという修正案が示された「普天間飛行場代替施設の建設に係る基本合意書」に署名したのである（図3-7）。

そして五月一日、日米安全保障協議委員会（2プラス2）が開催され、日米両政府は在日米軍再編に関する最終報告となる「再編実施のための日米のロードマップ」に合意する。

このロードマップには、V字型案による普天間代替施設の建設を二〇一四年までに完成

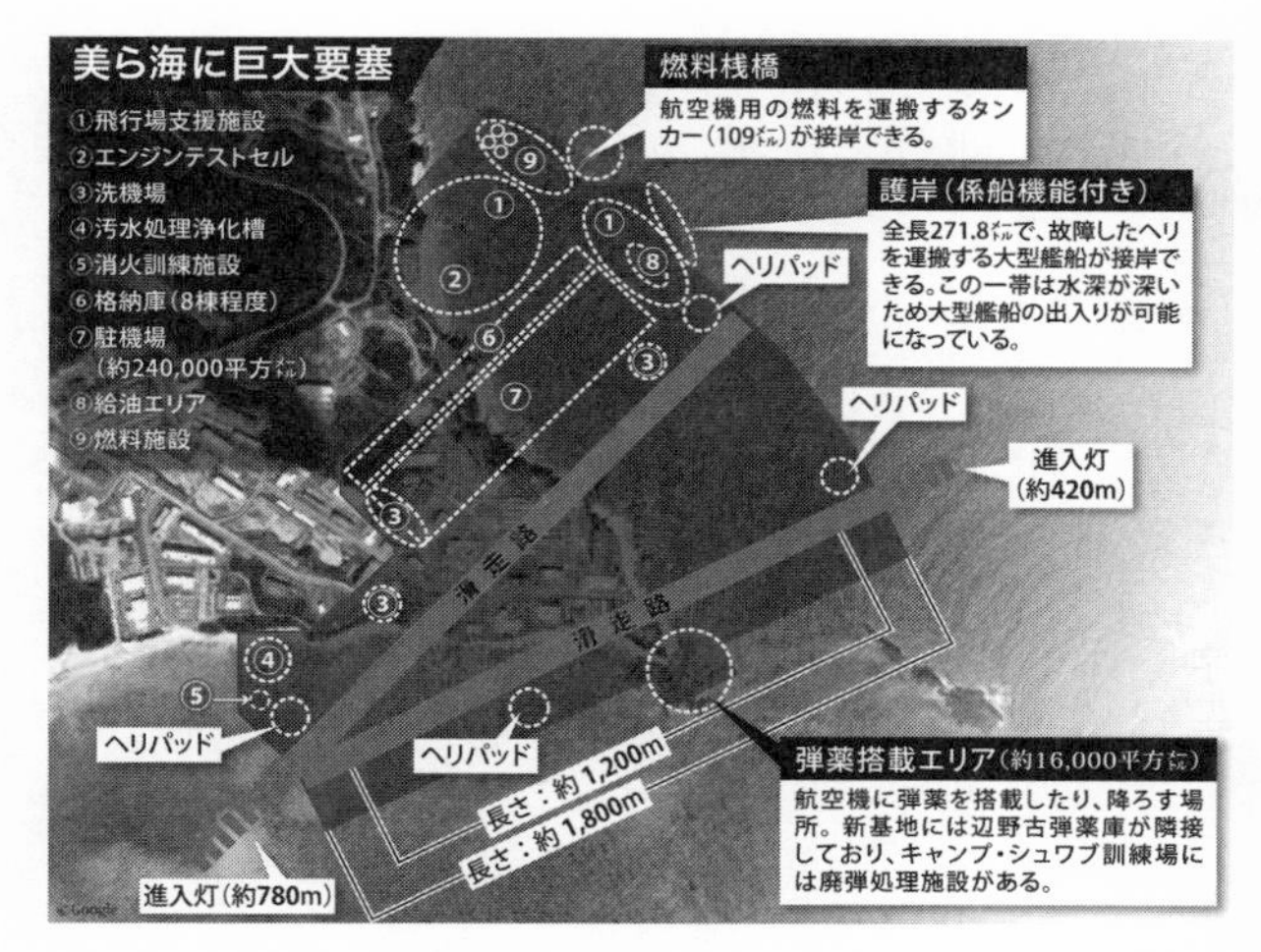

図3-7　V字型案（沖縄タイムス2017年9月12日付朝刊、沖縄タイムス社提供）

させること、その後で在沖縄海兵隊所属の司令部と隊員・家族計一万七〇〇〇人をグアムに移転させること、そしてそれが完了した後で「嘉手納基地以南」にある普天間基地などの五施設を全面返還するという内容が盛り込まれていた。新たな基地の建設と既存の基地の返還とがパッケージになっているこの計画は、沖縄にとって基地負担の軽減といえるようなものではなかった。

　このロードマップに対して沖縄県は五月四日、「米軍再編に関する県の考え方」を発表し、全体として沖縄の基地負担軽減の方向性が示されている点は高く評価するが、V字型案については容認できないとの意向を正式に表明する。

だが一一日に額賀防衛庁長官と会談した稲嶺知事は、「政府案を基本に普天間飛行場の危険性除去、周辺住民の安全、自然環境、実行可能性を留意して対応することで合意」という文章が盛り込まれた「在沖米軍再編に係る基本確認書」にも合意している。「普天間飛行場の危険性除去」を実現するために政府が行おうとしているのがV字型案による普天間代替施設の建設なのだから、「基本確認書」への合意は、実質的にV字型案への合意だと受け取られていった。

では、辺野古はどうV字型案を受け止めたのだろうか。

辺野古区行政委員会は、島袋市長がV字型案に合意してから一〇日後の四月一七日、より沖合に移動させること、そして一世帯あたり一億五〇〇〇万円の一時補償および毎年二〇〇万円の永代補償、小学校の全面改築、高速道路のインターチェンジ設置など二二項目からなる「辺野古まちづくり整備事業」の実現を政府に対して要請していくことを決定した。容認という言葉までは用いていないものの、提示した条件を満たすのであれば受け入れるという姿勢を示したのである。

このように書いてしまうと、辺野古はお金がほしくて受け入れを容認しているのかと見えるだろう。

そういう側面があることは否定しないが、そもそも辺野古には、沖合案だろうがV字型案だろうが、建設されたとしても補償金が自動的に入ってくるわけではないことは指摘しておきたい。しかもV字型案で建設されたとしても、埋め立てによってできる土地は国有地になるし、シュワブの陸上部分については既に軍用地として提供しているため、軍用地料収入が増えることもない。

つまり辺野古としては、何の交渉もなしに建設されてしまえば、負担だけが降りかかってくることになるのである。移設候補地となった当初こそ「千載一遇のチャンス」と捉えた区民は多くいたが、それはシュワブがもたらした幻影でしかなかったのだ。

†二〇〇七年五月――米軍再編推進特措法の成立

二〇〇六年一一月一九日の沖縄県知事選挙では、勇退した稲嶺知事の後継者として立候補した前沖縄県商工会議所連合会長の仲井眞弘多（ひろかず）が、革新系の統一候補として立候補した前参議院議員、糸数慶子に約三万七〇〇〇票の差をつけて当選した。普天間基地移設問題については、「現行案のままでは賛成できない」といいつつも、「政府と協議して一致点を見いだしたい」という、V字型案では受け入れられないが、政府との対話の可能性を残しておくという曖昧な立場であった。

知事就任後も仲井眞はこの姿勢を貫く。二〇〇七年一月一九日に首相官邸で開催された「普天間飛行場の移設に係る措置に関する協議会」第三回会合では、滑走路を可能なかぎり南西寄りの沖合へ移動するよう求めた島袋名護市長の意向を尊重すると発言し、その後もより沖合への建設という条件が満たされれば容認するという「条件つき容認」の立場をとりながら、政府と交渉を続けていく。沖合への移動を求めてはいるものの、県も名護市も、普天間代替施設の辺野古への建設自体は容認しているということだ。

政府も、建設に向けた具体的な作業に着手する。環境影響評価（環境アセスメント）の手続きである。五月に海上自衛隊の掃海母艦「ぶんご」を出動させてまで環境現況調査を実施し、調査結果に基づいて作成された環境影響評価方法書を八月に送付、これを沖縄県が受け取ったことで環境アセスメントがスタートした。

もうひとつ、重要な法律がこの期間に成立している。在日米軍再編への協力度合いに応じた地方自治体への交付金である米軍再編交付金の支給を柱とした「米軍再編推進特措法」である。五月二三日に参議院を通過したことで成立した。

「駐留軍等の再編の円滑な実施に関する特別措置法案」という正式名称が如実に示しているように、この法律は米軍再編を円滑に進めるために策定された法律である。米軍再編では、新たな米軍施設の建設や、自衛隊基地等への訓練の移転がなされるため、対象となった地方自治体には負担が発生することとなり、反発が予想される。それを押さえて再編を「円滑に進める」ための潤滑油として用いられるのが米軍再編交付金なのである。

大事な法律なので、少し詳しく説明しておこう。まず防衛大臣が、米軍再編に関わる関係自治体を「再編関連特定周辺市町村」に指定する（第五条）。そして指定をうけた自治体に対して、「再編の実施に向けた措置の進捗状況及びその実施から経過した期間に応じ」て、米軍再編交付金が交付される（第六条）。

この米軍再編交付金の特徴がよく現れているのが、第六条の「進捗状況に応じて」という部分だ。具体的には再編事業の進捗率を、受け入れ（一〇パーセント）→環境影響評価の調査着手（二五パーセント）→工事（埋め立てなど主要部分）の着工（六六・七パーセント）→再編の実施（一〇〇パーセント）と分類し、段階をのぼるごとに交付金が交付されていくという、原子力関連施設の建設に際して用いられる成果主義的なシステムが採用されているのである。そして、最初のステップが「受け入れ」になっているため、再編事業への協力の姿勢を見せず、反対している地方自治体には交付金は交付されない。

この、露骨なまでの「アメとムチ」法律に基づいて交付される米軍再編交付金は、これ以降ずっと、名護市や沖縄県を翻弄していくことになるのだが、その最初の事例となったのが、一〇月三一日付けの官報（第四六九九号）で発表した「再編関連特定周辺市町村」に、名護市を指定しなかったことである。

防衛省はその理由について、名護市がV字型案の沖合移動を主張しており、また今後の協力が得られるかも判断できないからだとしたうえで、「今後、自治体の理解と協力が得られれば交付対象に随時追加していく」（『沖縄タイムス』二〇〇七年一〇月三一日付夕刊）と付言した。沖合への移動という、住民の安全に直結する要請すら認めないという強硬な姿勢を示したのである。

この圧力に名護市が耐えられるはずもなく、二〇〇八年三月一二日、島袋名護市長は名護市議会において米軍再編への理解を表明し、さらに那覇防衛施設局から改組された沖縄防衛局による環境アセスメント調査を許可することで政府に協力する姿勢を示す。

これを受けて政府は一七日、米軍再編交付金を名護市に交付するとの方針を表明し、二〇〇七年度最終日の三一日、名護市は、普天間代替施設の一部が建設される予定となっている宜野座村とあわせて再編関連特定周辺市町村に指定された。

これによって名護市と宜野座村は交付金を受領できるようになり、二〇〇七年度分として四億円が交付され、二〇〇八年度予算に組み込まれた。

†二〇〇九年八月――民主党政権の誕生と迷走の始まり

だがこの頃、すでに自公政権には陰りが見え始めていた。安倍晋三、福田康夫と総理大臣がほぼ一年ごとに交代し、さらにはアメリカで起きた金融危機、いわゆるリーマン・ショックの影響で株価が大暴落したこともあり、政権への批判が強まっていたのである。こうした全国的な世論の追い風と、米軍再編推進特措法に象徴される政府の露骨な圧力への反発が重なり、二〇〇八年六月八日の沖縄県議会議員選挙では、自民党と公明党を中心とする与党議員が相次いで落選して過半数割れし、仲井眞県政は少数与党になった。

そして七月一八日の県議会定例会最終本会議において、「名護市辺野古沿岸域への新基地建設に反対する意見書案・決議案」が賛成多数で可決される。県議会が辺野古移設に反対する決議を出したのはこのときが初めてであり、また可決された意見書にも、普天間代替施設ではなく辺野古新基地という文言が用いられており、画期的な決議となった。

この決議が出た日、「命を守る会」の事務所を訪ねたのだが、会員のほとんどが県議会に傍聴に行っており、閑散としていた。それだけこの決議は期待を集めていたのである。

さて、再び全国に目を転じることにしよう。その後も自公政権の退潮は深まるばかりで、野党第一党である民主党への期待、そして政権交代の機運が高まっていった。こうしたなか麻生太郎首相は二〇〇九年七月一三日、前日に行われた東京都議会議員選挙で自民党が惨敗したことを受け、二一日に衆議院を解散することを表明する。衆議院選挙は八月三〇日に定められた。

選挙に向けて民主党が掲げたマニフェストの外交分野には、「緊密で対等な日米関係を築く」という項目が置かれており、そこには、日米地位協定の改定を提起し、さらに米軍再編や在日米軍基地のあり方についても見直しの方向で臨むと明記されている。

また鳩山由紀夫民主党代表は、選挙戦が始まる前から普天間基地の移設先を「最低でも県外」にすると発言していた。民主党政権が誕生すれば、普天間基地移設問題をはじめ、米軍基地に関する様々な問題も解決に向けて進むのではないかという期待が沖縄のなかで高まっていった。

そして迎えた衆議院選挙で、民主党は三〇八議席を獲得して第一党となり、政権交代が実現する。沖縄でも、四つの選挙区のすべてで自民党候補は落選している。なお名護市を含む沖縄三区で議席を獲得したのは、のちに沖縄県知事となる玉城デニーである。民主党の新人として立候補し、前職だった自民党候補の倍以上の票を獲得する、ダブルスコアでの圧勝だった。

九月一六日、民主党の鳩山由紀夫代表は第九三代の首相に選出され、民主党、国民新党、社民党の三党連立の鳩山内閣が発足した。しかし普天間基地の県外移設の可能性は、早々にしぼんでいく。

九月には防衛大臣、一〇月には外務大臣が相次いで県外移設は難しいと発言し、鳩山首相もマニフェストについて「時間というファクターで変化する可能性は否定しない」(『琉球新報』二〇〇九年一〇月八日付朝刊)と発言するなど、選挙前と比べて明らかにトーンダウンしていったのである。

†二〇一〇年一月——名護市長選挙

こうしたなかで名護市は、二〇一〇年一月二四日、市長選挙を迎える。この市長選挙には現職の島袋吉和と、前名護市教育委員長であり、かつては岸本市政を支える立場にたっていた稲嶺進が立候補した。

稲嶺は、出馬表明した当初は「県外がベスト」としつつも、県内移設反対を明言していなかった。だが、共産党や市民団体の支持を受け、県内移設反対を掲げて立候補した別の候補者と政策協定を結んで以降は、「辺野古、大浦湾の美しい海に新たな基地は造らせない」「名護市に新たな基地はいらない」と積極的に主張するようになった。一方の島袋は、民主党政権の方針を見極めつつ地元や知事と相談しながら対処する、できるかぎりの沖合移動を求めるという従来通りの姿勢で選挙戦に挑んだ。

私は投開票日の前日になんとか名護入りし、選挙戦の様子を見てきた。島袋陣営は北部振興事業の成果をアピールしながら、商工業や観光産業の振興、農林水産業の振興、子育て支援などの政策を訴える一方で、普天間基地移設問題については何も言及しないという方針を貫いていた。また、島袋支持を表明していた仲井眞知事が応援演説にはいるなど、県との連携を強調していた。

打ち上げ式は恒例の名護十字路（図3－8）。作業服を着た若者の姿が目立っていた。壇上には仲井眞知事に加えて、比嘉鉄也元名護市長や、当時は那覇市長であり、のちに沖縄県知事となって政府と鋭く対立することになる翁長雄志の姿もあった。那覇市長になる前は自民党所属の県議であり、自民党沖縄県連の幹事長まで務めていた翁長が島袋の支援に駆けつけたのは、当時としては当然のことだったのである。

一方の稲嶺陣営は、「市民の生活が第一」「市民の目線でまちづくり」「市政変革」といったスローガンを前面に押し出しつつ、五つの重点公約の最後に「辺野古・大浦湾の美しい海に新たな基地は造らせない」をいれるという戦略をとっていた。

これは、保守派の有権者の票を獲得しなければ市長選挙には勝てない、かといって辺野古新基地の建設反対を明確に主張しなければ基地反対票を取りこぼしてしまいかねない、とはいえ稲嶺が新基地反対であることは自明だ、であるならば市民の生活を守ること、市民の意見を取り入れた市政を行うことを前面に出して「反基地」だけではないことをアピールし、最後にしっかり新基地反対をいれることで従来の革新支持者を安心させるという考えに基づくものである。

そしてもうひとつ力を入れていたのが、公共事業の分離分割発注を徹底させることである。これは島袋市政において、北部振興事業の受注が、島袋を支える一部の土建業者に集中していたことに対する反発が土建業界にあったことに目をつけた公約である。分離分割発注とは、小中学校の校舎改築や道路河川の改修などの小規模な公共事業を発注し、中小規模の土建業者でも単独で受注できるようにする方式だ。

そもそも普天間基地移設問題に絡んだ振興事業による公共事業は大規模なものが多く、受注できるのは規模の大きな業者に偏っていた。中小規模の業者はその傘下にはいり、下請け、孫請けという流れで仕事を受けていた。これが一部の業者への受注の集中を生み出していると指摘し、公平な入札制度の実現を訴えたのだ。この主張は一定の影響力をもち、市内土建業者の一部が稲嶺支持にまわったのである。

とはいえ、土建業者が表だって稲嶺を支持する様子は見られなかった。打ち上げ式は、革新側の恒例の場所である国道58号沿いの大北五丁目交差点、通称「青山前」(「洋服の青山」があることからこう呼ばれている)で行われたが、作業服姿の人たちは見られず、新基地建設反対のプラカードや横断幕で四つ角は覆われていた(図3-9)。

打ち上げ式の最後は三本締めで終わる。その挨拶を行ったのは、故・岸本建男前市長の長男で、建男氏の死後、地盤を引き継いで名護市議となっていた岸本洋平だった。父建男がこだわっていた「七条件」を事実上反古にした島袋市政への反発から、稲嶺支持にまわっていたのである。この岸本洋平は二〇二二年、今度は自分が候補者として名護市長選挙に挑むことになる。

図 3-8　島袋陣営打ち上げ式

図 3-9　稲嶺陣営打ち上げ式

二四日の投票日は辺野古で過ごした。実は辺野古でも、この選挙に際して大きな変化が起きていた。辺野古と、辺野古に隣接する豊原、久志の三区は、総称して「久辺三区」と呼ばれ、普天間基地移設問題における地元として位置づけられている。その久辺三区合同の稲嶺陣営選対事務所が、辺野古集落に開設されたのである。しかもその責任者に就いたのが、辺野古で長く土木業を営んでおり、辺野古活性化促進協議会のメンバーでもある人物だったのだ。

推進派といってもいい立場の彼が稲嶺支持に回った理由は、稲嶺との個人的なつながりも含めていくつかあるのだが、大きかったのは振興事業の利益が、名護市の西側に偏ってもたらされていることへの不満である。第一章でも触れたように名護市は五つの町村が合併してできた自治体なのだが、辺野古のある旧久志村側＝東側の人口は、名護市の一割にも満たない。つまり西側のほうが中心なのである。

そしてシュワブの大半は東側にあり、そして建設される基地の負担も東側に集中するのに、受け入れの代償ともいうべき北部振興事業の利益は西側に多く注がれている。これは辺野古の土建業者として、納得がいかなかったのだ。だから、分離分割発注を公約に掲げた稲嶺の支持に回ったのである。

こうした事情があったとはいえ、推進派と目されていた人物が稲嶺支持を表明し、選対事務所まで開設したことの意味は大きかった。しかも「命を守る会」事務所や「テント村」は集落から少し離れたところにあったのに対し、選対事務所は集落の入り口あたりに開設されたので、区民も立ち寄りやすい環境だった。そのため事務所には、これまであまり表に出てこなかった反対派の住民たちが頻繁に立ち寄るようになる。

そのなかには西川征夫の姿もあった。この頃の西川は、「命を守る会」の集まりに行くこともなくなっており、一区民として反対のための活動を継続していたのだが、「これが最後」という意識のもと、積極的に選挙に関わっていたのである。

その久辺三区選対事務所には、投票が締め切られる二〇時が近づくにつれ、報道各社が続々と集まってきた。事務所内のテレビには、テレビ朝日系のQABがついている。そしてQABのカメラマンがモニターにカメラを向けている。

もしかして二〇時ちょうどに当確をうつ「ゼロ打ち」があるのかもしれない。そう思いながらテレビを見ていたら、二〇時になった瞬間、ニュース速報のアラームがなった。画面には「沖縄・名護市長に稲嶺進氏が当選。普天間基地の辺野古移設に反対の新人」と書いてある。稲嶺が勝利したのだ。

事務所にいた人たちの誰もが、まさかそんなに早く当確が出るとは思ってもいなかったので、一瞬、誰も声をあげることができなかった。その静寂を破るように誰かが「勝ったよ、勝ってるよ」と言った瞬間、喜びが爆発した。自宅にいた西川も電話で呼び出されて急いで事務所にやってきて、大きな声で「ばんざーい」と叫んだ。目には涙が浮かんでいた（図3-10）。

事務所の外に出てみると、これまで事務所では見かけなかった五〇代くらいの男性と二〇代の若者が、ブロック塀にもたれながらビールを飲んでいた。かれらもまた、反対の意思を持っている辺野古区民だった。だが一人はシュワブで働いており、もう一人は事務所の責任者が営んでいる土木会社で働いているため、表だって反対運動に参加しづらかったのだ。当確が出たので、はじめて事務所に来たのだという。

稲嶺新市長が久辺三区選対事務所にやってきたのは、日付が変わった午前一時半のことだった。こうしてようやく、長い長い一日が終わった。

†二〇一〇年五月――辺野古区行政委員会、「条件つき容認」決議

だが、稲嶺市長の誕生にもかかわらず、鳩山政権は次第に辺野古移設へと回帰していく。

図 3-10　久辺三区選対事務所での祝杯

辺野古沿岸部に建設する案が最善であるという姿勢をアメリカが崩さず、そのアメリカを防衛相・外務相ともに支持していたからだ。しかも四月一八日には、鳩山首相が県外移設の「腹案」と位置づけていた徳之島移設案を受け入れないとの表明が、徳之島を構成する三町長によってなされたことで、県外移設の可能性は事実上潰えてしまう。

この状況に対して沖縄は、市町村会会長の翁長雄志那覇市長や県議会議長などが実行委員会の共同代表となって、四月二五日、「米軍普天間飛行場の早期閉鎖・返還と、県内移設に反対し、国外・県外移設を求める県民大会」を開催する

（図３－11）。

およそ九万人もの市民が集まったこの県民大会は、沖縄の全四一市町村の首長が出席、県内すべての政党が参加する超党派による開催となった。このような、沖縄全体で基地問題に対峙する状況を「オール沖縄」と呼ぶようになったのは、この頃からである（櫻澤誠『沖縄現代史』中公新書）。

この県民大会には仲井眞知事も出席し、大会挨拶で、普天間基地の危険性除去と負担軽減を訴えたうえで、沖縄の過重な基地負担について「明らかに不公平で、差別に近い印象を持つ」と発言する。これ以降、沖縄では「沖縄差別」という言説が広く使われるようになった。だがその一方で仲井眞知事は、県内移設への反対は示さず、大会終了後もＶ字型案を条件つきで容認する立場を撤回してはいないことを言明するなど、慎重な姿勢を維持していた。

そしてついに五月四日、首相就任以来はじめて沖縄を訪れた鳩山首相は、仲井眞知事に「すべてを県外でということは現実問題としては難しい。できれば、沖縄の皆さま方にご負担をお願いしなければならない」「海外という話もなかったわけではないが、日米の同盟関係、近隣諸国との関係を考えた時、抑止力という観点から難しく、現実には不可能

図 3-11　県民大会の様子

だ」(『琉球新報』二〇一〇年五月五日付朝刊)と伝え、普天間代替施設を沖縄県内で受け入れるよう要請した。県外移設への期待は、一年ももたずに消えてしまったのである。

その後、鳩山内閣は五月二八日に、V字型案での建設を明記した日米共同声明を発表し、臨時閣議を開いて閣議決定する。この閣議決定への署名を拒絶した社民党党首の福島瑞穂消費者行政担当相は罷免され、その三日後に社民党は連立政権を離脱、鳩山首相も六月二日に辞任し、四日には菅直人が首相に就く。菅政権も日米共同声明を踏襲し、県外移設は完全に消え去った。

ここで、時間を少し巻き戻して、辺野古へと視点を移そう。

辺野古区行政委員会は、五月二一日に委員会を開く。鳩山政権の県外移設断念を受け、辺野古区としてどのように応答するか、検討するためだ。

議論の結果、行政委員会は大きな決断をする。建設地をより沖合に移動することや金銭補償を行うことなどの条件つきで普天間代替施設の受け入れを容認すると決議したのである。行政委員会が「容認」という言葉を用いた決議を行ったのは、これが初めてだった。ついに辺野古は、後ずさりしながら「容認」のラインを越えたのである。

辺野古がこのタイミングで条件つき容認へと踏み切ったのは、もちろん県外移設の可能性がなくなったからだ。政権交代がおきても、反対派の市長が誕生しても、結局は辺野古にもどってきた。辺野古としては、もう建設が止まることはないと判断せざるを得なかった。そうであるならば、条件をつけて容認することで、建設後の区民の生活を少しでも安全なものにし、そして安定させることができるよう、政府と交渉するほうがいいと考えたのである。

この決議について当時の区長は、「政府が条件を受け入れない場合は(移設を)はねのけることもある」と強気の姿勢を示しつつも、そのあとに「決議とは逆行しているかもしれないが、市長には頑張って（普天間代替施設は沖縄県内のどこにもつくらせないという）公約を通してほしい」と語っている（『琉球新報』二〇一〇年五月二二日付朝刊）。

建設されないのであれば、されないに越したことはないのである。それでも建設するというのなら、政府と交渉するしかない。そうしなければ、区民の生活を守ることはできないのである。

†二〇一〇年一一月──沖縄県知事選挙

一一月二八日の県知事選挙について振り返って、この章を終えることにしよう。

現職の仲井眞と、宜野湾市長を辞して出馬した伊波洋一の事実上の一騎打ちとなったこの選挙で勝ったのは、仲井眞だった。仲井眞は出馬会見で、「普天間飛行場の一日も早い危険性除去のために日米合意を見直して県外移設を求める」との政策を発表している。辺野古移設反対と明言はしていないものの、県外移設を求めるという言葉の持つ力は大きい。

一方の伊波はより明確に県内移設反対を明言し、移設先は県外、さらにはグアムにするとの政策を掲げた。だが、両候補ともに県外移設を主張するなか、伊波の主張はぼやけてしまう。このような状況で、政府とのつながりを持つ保守系現職の仲井眞に勝てる見込みは少なかった。

なお沖縄タイムス社が実施した世論調査によれば、投票時に重視する政策は、「経済政策」が四九パーセントで、「基地問題」の三六パーセントを上回っていた（『沖縄タイムス』二〇一〇年一一月二九日付朝刊）。県民の関心も基地問題より、経済政策のほうに向いていた。そのことも仲井眞の再選を後押ししていたといえるだろう。

ただこれで、辺野古移設を条件つきで容認していた仲井眞は、県外移設を実現するために政府と交渉することを余儀なくされた。それはなかなかに難しい舵取りとなった。

第四章

普天間基地移設問題の経緯②

二〇一一－二〇二二

†二〇一一年六月——新生・命を守る会発足

この章ではまず、辺野古で起きたひとつの変化から見ていくことにしよう。

条件つきで普天間代替施設の受け入れを容認すると決議した辺野古区行政委員会は、これまで黙認していた「命を守る会」の排除に向けた動きを見せ始める。「命を守る会」の事務所となっているプレハブ小屋前の広場（区有地）にフェンスを設置し、出入りできないようにするという計画をたて、測量まで実施したのである。また事務所が設置されている土地についても、所有者である元会員が返還するよう求めているという問題も抱えていた。しかし「命を守る会」は、この頃には組織としての機能をほぼなくしており、事務所も海上での阻止行動で用いられていたウエットスーツやトランシーバーなどの荷物置き場のようになっていた。

この状況に対応すべく、西川征夫は「命を守る会」の再生に向けて立ち上がる。西川にとって「命を守る会」は、自分が反対運動を始めた原点であるし、住民運動組織としての「命を守る会」が辺野古に存続していることの意義を誰よりもよく知っているのも西川だ。

再生に向けて西川が具体的に行ったのは、「命を守る会」の総会の開催である。会計監

図 4-1　新生・命を守る会の事務所

査をするために会員の一人に事務局長に就いてもらい、二〇一一年六月一二日、約四年半ぶりの総会が開催された。そして西川は、再び代表に選出された。新生・命を守る会の発足である。

西川は、事務所に置きっぱなしになっていた荷物を、海上行動を主催していたヘリ基地反対協議会に引き取ってもらい、事務所をきれいに片付けてペンキも塗り直す（図4－1）。そして事務所の外に、五つのスローガンが書かれた新たな看板をたてた。

。私たちは、辺野古に新しいヘリ基地を造らせない

○私たちは、静かで豊かな生活環境の破壊を許しません
○私たちは、ジュゴンの住む豊かな海を守ります
○私たちは、MVオスプレイの沖縄配備を許しません
○私たちは、大切な自然を子や孫に引き継ぎます

最初に書かれていたのは、「新しいヘリ基地」の建設をさせないことである。以前と同様、シュワブをはじめとする他の米軍基地への言及はなされていない。

全県的な問題に言及しているのは、墜落事故の多さから大きな問題になっていたオスプレイの配備への反対だけである。そして生活環境の破壊を許さないこと、大切な自然を子孫に引き継ぐことが目的に入っているように、住民の生活を守り、残していくために活動している住民運動であることが強調されている。

このように、区民による活動であることを明確にしておくことは、事務所の閉鎖を免れるためにも必要なことだった。

二〇一一年一二月——環境影響評価書の提出

話を普天間基地移設問題のほうに戻そう。

二〇一一年九月二日、菅首相の後を継いで野田佳彦が首相に任命される。野田内閣は一二月二四日、二〇一二年度予算を閣議決定し、沖縄振興予算を前年度より六〇〇億円以上も多い二九三七億円とし、そのうち一五七五億円を、地方公共団体が自由な裁量で使うことのできる一括交付金とすることを決定した。

沖縄振興予算とは、内閣府沖縄担当部局が一括して計上する予算のことで、沖縄関係予算と呼ばれることも多い。他県の場合は道路や病院、学校の校舎等の整備、農山漁村地域の整備などについて、それぞれの事業を管轄する省庁に予算要求し、各省庁が個別に予算計上することになっているのだが、沖縄県だけは一括計上されることになっている。その背景には、米軍の施政権下に置かれていた二七年間、沖縄には各省庁に直接予算を要求する機会がなかったという事情がある。

このように沖縄振興予算は、通常の交付金や補助金とは別に交付されている予算ではないのだが、「振興予算」という名称の影響もあって、沖縄だけに別途、特別に交付されている予算であると誤解されることも多い。

ともかく野田政権は、沖縄振興予算を大幅に増額し、さらに使い勝手もよくした。なぜならこの頃、環境影響評価書の沖縄県への提出が争点となっていたからだ。評価書が沖縄県に受理されれば、あとは不備を指摘する知事意見を受けて補正することで環境アセスメントの手続きは完了し、次に来るのは工事着工となる。この最後の段階をスムーズに進めるため、野田政権は沖縄県への懐柔策を講じたのである。

実際、野田首相は予算を閣議決定した一二月二四日に、評価書を沖縄県に提出するよう防衛省に指示している。評価書の搬入を物理的に阻止するため、沖縄県庁に集結していた反対派市民が夜を徹して庁舎に残り続けるなか、沖縄防衛局は二八日午前四時過ぎ、裏をかいて県庁守衛室に評価書一六部の入った段ボール箱一六個を搬入する。そして県もこれを受理する。

もちろん県も、評価書を唯々諾々と受理したわけではない。二〇一二年二月二〇日、七〇〇〇ページに及ぶ評価書を審査したうえで、仲井眞知事は五七九件の不備を指摘し、現行のV字型案では辺野古周辺の「生活環境および自然環境の保全は不可能」と結論づけた知事意見を提出する。だが防衛省は指摘された不備を修正した評価書を一二月一八日に再提出し、県もこれを受理して公告・縦覧がなされる。これにより環境アセスメントの手続きは完了し、建設予定海域の埋め立て申請の段階にはいっていくこととなった。

「県外移設」を事実上の公約として発足した民主党政権であったが、結局は計画を前に進めただけであった。そして環境アセスメント手続きを完了させたところで、民主党政権は終わりを迎える。

だが、ここで沖縄に生まれた政府、そしてその政府を支える本土への疑念は、この後の展開にも大きな影響を及ぼしていくことになる。

†二〇一二年一二月〜二〇一三年一月——第二次安倍政権の発足と建白書の提出

二〇一二年一二月一六日に投票を迎えた第四六回衆議院議員選挙において、民主党は大惨敗を喫した。そして二九四議席を獲得した自民党と三一議席の公明党による自公連立政権が発足する。

一二月二六日、自民党総裁の安倍晋三が首相に任命された。二〇〇七年九月に体調不良を理由に自ら辞任して以来、安倍は二度目の首相の座に就くこととなった。安倍はこの後、憲政史上最長となる二八二二日もの長きにわたって首相の座に居続けることとなる。

年が明けて二〇一三年一月二八日、民主党野田政権時代の二〇一二年一〇月一日に普天間基地に配備されたオスプレイの配備撤回と、普天間基地の閉鎖・撤去および県内移設の断念を要請する「建白書」が安倍首相に提出された。

建白書の提出主体は沖縄県議会、沖縄市長会など市町村関係四団体、全四一市町村の首長および議会議長の連名である。二〇一〇年四月の県民大会の頃から続く「オール沖縄」体制は、ここにきてよりその存在感を高めていった。

†二〇一三年一二月——仲井眞知事による埋め立て承認

だがこの建白書はまったく無視された。

後日明らかになったことだが、建白書は単なる行政文書として処理され、なんと防衛省内で保管されているだけの扱いとなっていた。その後、国立公文書館に重要公文書として移管されることになったが、そもそも安倍政権は沖縄の意見など取り入れるつもりもなかったであろうことは、このあとの展開からも明らかである。

さて、安倍政権がまず着手したのは、普天間代替施設建設予定海域の埋め立てに向けた手続きだ。ここで登場するのが公有水面埋立法である。建設予定海域は公有水面であるため、埋め立てるためには同法の手続きを踏む必要があるからだ。

もっとも同法は、公有水面の所有者を国だとしており、都道府県知事は管理者でしかないため、その権限は限られている。とはいえ同法第四二条に、国が公有水面を埋め立てるときは、管理している都道府県知事の承認を受けなければならないと定めてあるため、県外移設を求めていくことを公約に掲げて再選した仲井眞知事の承認を得ることは、埋め立てを進めるうえで通らなければならない関門であった。

まず二月二六日、沖縄防衛局は、建設予定海域の漁業権を保持している名護漁業協同組合に対し、埋め立て同意書を申請する。そして名護漁協は三月一一日に臨時総会を開いて、賛成多数（賛成八八、反対二）でこれに同意する。

続いて三月二二日、沖縄防衛局は公有水面埋立承認申請書を、名護漁協の同意書も添えて沖縄県に提出する。その返答期限が迫ってきた一二月に近づくにつれて、事態は大きく動き出す。

まず自民党沖縄県連は一一月二七日、二〇一二年一二月の衆院選でも、二〇一三年七月の参院選でも掲げていた「県外移設」の公約を撤回する。なおその二日前には県選出の自民党衆院議員五名が「普天間の危険性を除去するために辺野古移設を含むあらゆる可能性を排除しない」との方針で一致したと発表しているのだが、その際に、石破茂自民党幹事長のうしろでうなだれて座っている五名の様子が報道されると、その屈辱的な姿から沖縄では「平成の琉球処分だ」という、明治政府による琉球王国の併合過程になぞらえた言説が流布した。

一二月一七日、仲井眞知事は、沖縄の基本政策を官房長官ら政府のトップと県知事ら県のトップが話し合う「沖縄政策協議会」に出席するために上京し、協議会の場で「普天間基地の五年以内の運用停止と早期返還」、「オスプレイ一二機程度の県外への配備」、「地位協定の改定」、「二〇一四年度沖縄振興予算概算要求額三四〇八億円の総額確保」などを政府に対して要求する。

二五日、首相官邸で安倍首相と会談した知事は、オスプレイ訓練の約半分を県外移転するための作業チームを立ち上げたこと、基地内の環境保全や調査に関する新たな政府間協定の締結にむけた交渉を開始することでアメリカと合意したこと、概算要求を上回る三四六〇億円の沖縄振興予算の計上、毎年三〇〇〇億円台の沖縄振興予算の二〇二一年度までの確保などを伝えられる。この政府の回答について知事は、「いろいろと驚くべき立派な内容をご提示いただいた」としたうえで、「有史以来の予算」と政府の姿勢を絶賛する。

そして二七日、ついに知事は埋め立て申請を「現段階で取り得る環境保全措置が講じられ（公有水面埋立法の）基準に適合している」との理由で承認する。記者会見で知事は、

「県外移設を求めるという公約は変えていない」と強調したものの、埋め立てを承認した以上、普天間代替施設は辺野古に建設されることになる。またも政府は、振興予算による懐柔策で、関門を突破したのである。

当然のことながら、この承認は沖縄県内で大きな反発を引き起こした。そのようななかで名護市は、二〇一四年一月一九日、市長選挙を迎えることになる。

†二〇一四年一月——名護市長選挙

一月一二日の告示日、立候補を届け出たのは、現職の稲嶺進と、名護市役所の企画部長などを歴任し、島袋市政を副市長として支えていた末松文信である。二〇一二年の県議選で当選しており、その職を辞しての出馬だった。

辺野古移設については、稲嶺は従来の姿勢を貫き、「海にも陸にも新たな基地はつくらせない」としていたが、末松は「普天間基地の危険性を除去するため」という政府と同じ見解にたって移設推進を主張した。

推進の立場で立候補しようとしていた前市長の島袋吉和と政策協定を結んだことの影響もあるとはいえ、明確に辺野古移設推進の立場を示して市長選に立候補したのは末松が初めてであった。なお石破茂自民党幹事長は告示日に「名護、県北部地域の発展を考える選挙だ。基地の場所は政府が決めるものだ」と発言し、市長選挙の結果にかかわらず辺野古移設を進めていく姿勢を示した。

私は、沖縄の選挙ではよく使われる、投票日前三日間の選挙戦を指す「三日攻防」に間に合うよう名護入りした。市内の電柱にはあちこちに「あなたの一票を屈しない現市長へ公約を守り、信念を貫く！」「新リーダー誕生　あなたの一票で名護が動き出す」と書かれたポスターが括り付けられ、道路沿いには青ベースの「稲嶺ススム」、黄緑ベースの「スエマツ文信」ののぼり旗がはためいている。いつもの市長選挙の風景が広がっていた（図4－2、図4－3）。

稲嶺陣営では、「すべては子どもたちの未来のために　すべては未来の名護市のために」をスローガンに、一期目の実績をアピールしながら選挙戦を進めていた。特に、米軍再編に非協力的であることから「再編関連特定周辺市町村」の指定から名護市が外れたことで、米軍再編交付金が停止したにもかかわらず、行財政改革を進め市の予算（一般会計）が増えたこと、市民所得や法人税収入も増えていること、子どもの医療費助成も拡充していることなどを強調し、「誇りある名護市を」と、基地に頼らない市政を訴えていった。

図4-2、図4-3　両陣営のポスター

一方の末松陣営は、仲井眞知事に加えて、安倍首相からも全面的に支援を受けていることを、一緒に写っている写真を活用しながら強調し、「国・県・市が一体となった北部振興を!」と訴えた。米軍再編交付金についても、稲嶺市政の四年間で不交付だった四二億円を一括要求し、当選後はさらに増額を要求すると主張していた。そして政府も、石破茂が名護までやってきて五〇〇億円の名護振興基金をつくると演説するなど、まさに全面的に支援した。

末松陣営でもうひとつ特徴的だったのが、普天間基地問題に終止符を打つ、という主張である。これは、辺野古移設を受け入れれば、辺野古移設の是非を市長選のたびに問われることもなくなるし、獲得した財源を用いて名護市政を前に進めることもできるという意味だ。この問題に翻弄され続けてきた名護市民には、一定の効果を持つ主張だったといえよう。

辺野古では、両陣営の選対事務所ができていた。末松陣営の事務所は、集落の入り口のところにある商店の一部を利用する形で設置されていた。前回は、初孫が生まれたことや、沖縄国際大学に通っていた長男が図書館にいたときにヘリの墜落事故がおきたということもあって稲嶺を支持していた商店主が、今回は末松支持に回ったのである。

この「転向」の理由を聞いてみたところ、建設されないほうがいいという気持ちは今も強くあるので、転向したわけではないという。だが、民主党鳩山政権で建設がなされない可能性が高かった前回とは違い、自民党安倍政権は強く建設を押しすすめてきているので、止められる可能性は低い。そうであるならば建設されることを前提にして交渉をしなければならず、そして交渉できるのは政府の支援を受けている末松しかいないから支援していると語っていた。「四年前は白髪なんてほとんどなかったのに、今は白髪ばかり」とつぶやいて、店に戻っていった。

末松事務所は集落の入り口にあり、またお店でもあるので、人の出入りはかなり頻繁であった。そして外にテーブルと椅子をおいて常に誰かが座り、道を歩く人に声をかけたり、前を通る車に手を振ったりしていた。集まっているのは区の活動を熱心にやっている人たちばかりで、条件つき容認決議を出したときの区長など、地域の中心的な存在の住民が多くいた。青年会に入っている若者の姿も多い。

要するに、辺野古区としては末松支持の傾向が強かったといえる。それは「交渉できるのは末松しかいない」からだ。選挙戦の最終日、集落の中心部で行われた末松陣営の演説には、六〇名ほどの区民が集まっていた（図4－4）。そして辺野古公民館の柵には、末松陣営の総決起大会の日時を知らせる横断幕がかけられたままになっていた。

一方の稲嶺事務所は、集落の入り口からは少し離れたところにある、ずいぶん前に閉店したバーを片付けて設営されていた。人の出入りは少なく、そして西川も顔を出していなかった。「命を守る会」の代表に再び就いていた西川が行けば、反基地運動の色が強くなりすぎるから来ないでほしいと言われたのだという。

もっとも西川は「命を守る会」の代表としての活動にいそしんでいた。前回の市長選のとき「これが最後」といっていたが、やはり今回も、辺野古区民への声がけをしたり、名護の中心部にある選対事務所に顔を出したりと忙しく動いていた。「命を守る会」の名前は、やはり大きいのである。

最終日の打ち上げ式でも、西川の姿は稲嶺陣営にあった。恒例の「青山前」に集まっている人たちは、前回よりも確実に多かった。稲嶺が乗ってきた選挙カーには「稲嶺ススム」の名前の両脇に「すべては子どもたちの未来のために」と「新たな基地はいらない！」と書かれた垂れ幕がかかっていた（図4－5）。

私は途中で抜け出し、タクシーで名護十字路に向かい、末松陣営の打ち上げ式の様子も見てきた。こちらはこれまで見てきたなかで、もっとも人が少なかった。いつもであれば通りの先まで人が埋まっているのだが、今回は四つ角で収まっていた。

果たして当選したのは稲嶺進だった。政府の強い支援を受けていた末松に四一五五票の大差をつけての勝利だった。一期目の実績に加え、仲井眞知事の埋め立て承認に対する反発が、稲嶺票に繋がったのであろう。

当確も、前回と同様二〇時ちょうどのゼロ打ちだった。ただ前回と違い、今回は予想通りでもあった。「命を守る会」事務所でも、会員が集まって握り寿司をつまみながら待っていた。当確の瞬間は喜びというよりも安堵したという雰囲気だった。模造紙を縦に二枚つなげ、大ぶりの筆で書かれた「祝　当選」の紙が、ホチキスで壁に貼り付けられた（図4－6）。そして二一時半にNHKが当確を出したのを確認してから片付けて、二二時前

図 4-4　末松陣営の演説

図 4-5　稲嶺陣営の打ち上げ式

には閉められた。

そこから歩いて末松陣営の事務所に行った。こちらはちょうど中締めのタイミングだった。若者が「俺たちも文信さんから元気もらったよな！」と大きな声で叫んでいた。「ナイチャーが勝手に煽ったから負けた」「多数派の西側の人たちが基地ノーだといえばそれが通る。負担しているのは自分たちなのに」と、本土や名護の西側の人たちへの不満が次々と出てくる。

みんな、悔しがっていた。自分たちが必死で応援してきた末松さんが負けたから、自分たちの思いが通じなかったから、悔しかったのだ。

†二〇一四年七月――ゲート前抗議活動開始と一八項目の要請書

告示日に石破幹事長が「基地の場所は政府が決めるものだ」と発言していたとおり、政府は選挙結果を一顧だにしなかった。

選挙翌日の二〇日、菅義偉官房長官は「（辺野古移設は）法的な手続きに基づいて淡々と進める」と述べ、選挙結果に左右されることなく辺野古移設を進めるという方針を改めて示し、二一日には沖縄防衛局が、辺野古での工事についての入札公告を行う。

図 4-6　当確後の「命を守る会」事務所

六月三〇日、沖縄防衛局は工事着手届出書を県に提出し、翌七月一日、シュワブ陸上部分での作業が開始され、建設予定地に建っている建物の解体工事に着工する。建設はシュワブのなかでなされることから、反対派市民は七月七日、シュワブへの入り口である第一ゲート前での監視・抗議活動を開始する。これ以降、反対運動の現場はゲート前に移ることとなった。

このゲート前への移行は、辺野古区民にとっては大きな変化であった。これまで、抗議活動の現場は沿岸部であり、集落からは少し離れたところであった。区民から、海沿いを散歩することもできなくなったという不満があがっており、区が撤去を要請したことも何度かあったものの、行こうと思わなければ立ち寄らない場所でもあったため、日常的にそれほど目につくわけではなかった。

ところが第一ゲートは、区民の生活道路である国道329号沿いにある。しかもゲートは、辺野古集落から名護市街地方面に向かうほうにあるため、抗議活動の様子を毎日のように目にするようになったのだ（図4-7）。

西側に職場がある区民の一人は、抗議活動を行っている反対派の市民について「うるさい。主張は否定しないけどほかのやり方があるだろ。区民に迷惑をかけないやり方が。特にゲート前に移ってからは目に入るようになった。あれはストレス。こっちに（賛同を求めて）手を振ってくるけどどうしろと。だから目を合わさないようにしている。それもストレス」と語ってくれた。

のちに駐車場が設けられたことで解決したが、ゲート前での活動が始まった当初、参加者の多くが車を国道沿いの歩道に無断で駐車していた。これも区民を苛立たせた。

反対派市民が掲げるプラカードや横断幕に書かれている「MARINES OUT（海兵隊は出て行け）」や「CLOSE ALL BASES（全基地閉鎖）」といったメッセージも受け入れがたい

ものだった（図4－8）。海兵隊の基地であるシュワブと辺野古の関係の深さを考えれば、その理由は明らかだろう。区民の多くは、反対派市民が活動しているのは自分たちのためであって、辺野古のためにやっているのではないのだという認識を深めていった。

辺野古の人たちは、シュワブ内での工事着工を、普天間代替施設が辺野古に建設される可能性を大きく高めるものと捉えていた。また建設工事それ自体が区民の生活に及ぼす影響についても考えなければならなくなった。そのため辺野古は、安全確保や補償に係る具体的な条件の提示へと進んでいく。

八月二九日、久辺三区は仲井眞知事に、「普天間飛行場代替施設建設に係る諸要望の実現について」と題した要請書を、三区長の連名で提出する。そして九月一〇日、知事は、辺野古と豊原の両区長を伴って首相官邸を訪問し、同じ要請書を菅官房長官に手渡した。

ではいったい久辺三区は、何を要請したのだろうか。

要請書は、前文と一八項目の要望で構成されている。まず前文の冒頭で、建設工事における安全対策に万全を期すことを要請している。続いて、「久辺三区は沖縄県の抱える基地問題や安全保障政策の矛盾を一身に受け、政権によってくるくると変わる方針に翻弄されつづけてきました」とし、それは「政府、県、市行政が久辺三区の住民生活を第一に考えるという原点を忘れ、組織の都合や建前に基づいて政策を実施してきたことが要因であります」と、政府も沖縄県も名護市も、三区の住民の生活を保全するという意識が希薄であったから、三区がこれまで普天間基地移設問題に翻弄され続けてきたのだと非難する。

そして、海を埋め立てて軍事基地を建設する計画は「生活を根底から破壊しかねないものであり、私たちはそのような事態が決してあってはならないと考えて」いること、だが一方で、「多数の久辺三区住民は同計画が世界一危険と称される普天間飛行場の閉鎖を促進し、多くの県民を救うという公益性を十分に理解」しており、それゆえに「住民生活や地域の環境保全に十分な配慮を行い、過重な負担となる住民について最優先に、最大限の配慮を行うことを求めてきました」と訴える。つまり、基本姿勢としては反対なのだけれども、移設計画の公益性も十分に理解しているし、受け入れもやむを得ないと考えているので、だからこそこれまでずっと、三区の住民への配慮を求めてきたのだと訴える。

そして、工事が進められているのを見て「私たちの焦燥感は日々募って」いるため、「行政が一体となって住民の不安の除去と生活の向上に取り組むことを下記の通り強く要望」するとしているのである。

なお一八項目にわたる要請は、具体的には、

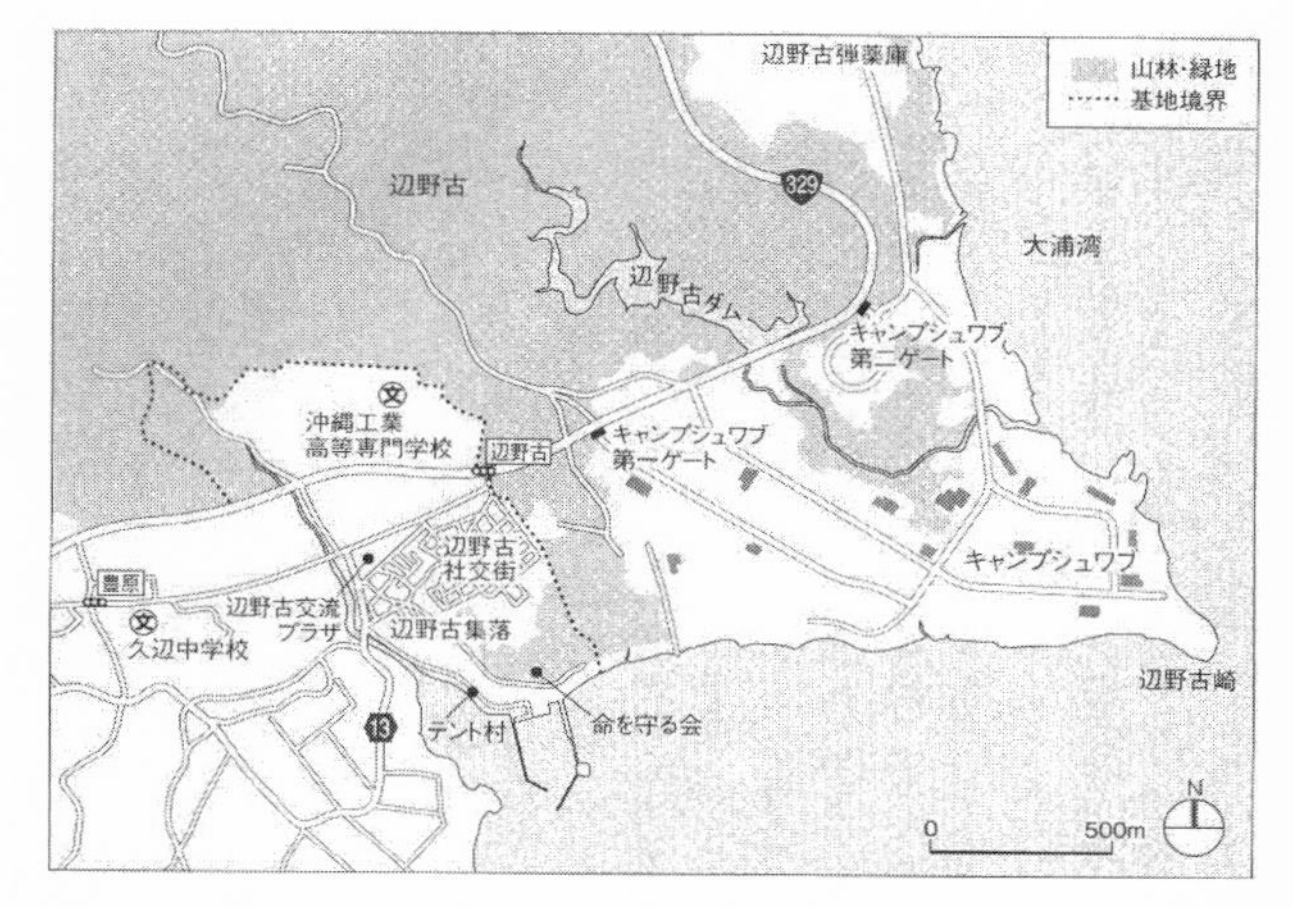

図 4-7　辺野古集落と第一ゲートとの位置関係（『米軍基地文化』261 頁）

図 4-8　ゲート前テントの横断幕

①生活基盤の整備（下水道整備、公共施設の補修・整備など）
②建設工事に伴う配慮（騒音や水質汚濁等の防止、教育環境等への影響の最小化、三区の業者を優先した建設工事の発注や消耗品の購入など）
③生活向上に向けた施策の実施（安心・安全な教育環境の整備、公園や集会所の整備、医療体制の充実など）
④基地負担集中に係る住民への配慮および補償（住民の意見が基地運用に反映される制度の構築、基地負担に見合った補償的施策の実施など）

となっている。建設工事および建設後の基地運用における安全確保を求めつつ、三区の住民に利益や補償が配分されるよう要請する内容である。

なお前文の最後には、「要望が受け入れられない場合、私たちは命がけで計画の実施に反対する覚悟」であるとの文言が置かれている。これは、沖縄県や政府に対する脅しであるのと同時に、建設後も安心して安全な暮らしを営むために、一八項目の要望の実現は必須の条件なのだということでもある。

時間が少し前後するが、八月一四日、沖縄防衛局は、シュワブ沿岸の海上に、施行区域を明示するブイの設置を始める。これを建設工事の着工と捉えた沖縄の新聞社は「辺野古新基地着工」と題した号外を発行した。反対派市民はカヌーを出して抗議し、作業の阻止を試みたが、海上保安庁の隊員が乗ったゴムボートに取り囲まれるなどの妨害にあい、押しとどめられてしまう。

このように今回は国もかなり強行してきており、一八日にはボーリング調査にも着手する。海上での阻止行動に加え、ゲート前には四〇〇人もの市民が集まって抗議したが、海底に杭が打ち込まれるのを止めることはできなかった。

こうしたなかで沖縄は、県知事選挙を迎えることになる。立候補したのは四人。現職の仲井眞、那覇市長を辞して挑む翁長雄志、民主党野田内閣で郵政民営化・防災担当大臣を務め、地域政党「そうぞう」の代表にも就いていた下地幹郎、元参議院議員で民主党沖縄県連代表の喜納昌吉である。

ここで翁長が立候補に至った経緯を簡単に見ておこう。第三章にも書いたように、翁長は自民党に籍を置き、県連の幹事長まで務めたことのある保守政治家である。だが二〇一〇年四月の県民大会でも実行委員会の共同代表に名を連ねており、そして「建白書」の提出においても、全四一市町村の首長および議会議長をまとめあげたのは翁長だった。

その翁長には、那覇市議会の自民党会派「新風会」や経済界で結成された有志会から共産党や社民党まで、保革を問わず出馬要請が集まった。そして翁長も、オスプレイ配備撤回、普天間基地の閉鎖・撤去と県内移設の断念という建白書の理念を実現するために、「オール沖縄代表」として出馬することを決めたのである。

翁長は、「イデオロギーよりアイデンティティ」と訴えることで、保革を超えたウチナーンチュ（沖縄人）としての連帯を呼びかけた。こうして翁長雄志の下、「オール沖縄」が実現したのである。

告示日の一〇月三〇日、菅官房長官は、仲井眞知事から埋め立て承認を得ていることを強調したうえで「（辺野古への移設を）淡々と進めていくことに変わりはない」と、名護市長選のときの石破と同様、選挙結果は移設計画に影響を与えないという姿勢を示した。

そこから二週間の激しい選挙戦の結果、一一月一六日の投票日、知事に選出されたのは翁長雄志であった。普天間基地移設問題が沖縄に降りかかってきて以来、はじめて知事選で、辺野古への新基地建設反対を明確に掲げている候補者が当選したのである。しかも現職の仲井眞に一〇万票近い差をつける圧勝で、マスコミも当確をゼロ打ちした。

当確の瞬間を、私は「ヘリ基地建設に反対する辺野古区民の会」事務所で迎えた。「区民の会」とは、「命を守る会」が解散したあと、受け入れ容認の立場にたつ辺野古区行政に異議申し立てを行うことを目的に、辺野古区民だけの組織として再出発した団体である。

そう、「命を守る会」は二〇一四年三月三〇日に解散したのである。これは元々からの予定で、事務所のある土地の所有者との契約終了にあわせての解散だった。解散から一週間後に発足したのが「区民の会」で、西川が個人で所有している小屋が事務所となった。もちろん代表は西川である。

事務所にいたのは私を含めて九名。高齢者ばかりだ。今回は温かいおでんをいただきながらテレビ画面をみつつ、昔の辺野古の話などを聞かせてもらっていた。二〇時、みんな一斉にテレビ画面を見る。翁長当確のテロップを確認すると、一気に緊張がほぐれた(図4−9)。ビールが配られ、西川の挨拶で祝宴が始まる。といってもそこは高齢者の集まりだ。喜びはじける、というよりも、みんながちょっとだけ元気になってしゃべっているという感じで、とても温かく、居心地のいい空間だった。

だがそこに、これまでならいたはずの人たちがいなかった。報道陣である。地元紙の記者が来たのは、メンバーのほとんどが帰宅した二一時三〇分頃のことだった。ゲート前が盛り上がっていて、来るのが遅れたのだという。

地元紙が総力体制で臨んでいたであろうことは想像に難くない。人員不足などの事情はあったのだろう。だが地元紙が、辺野古を伝える場として、区民の会よりも「ゲート前」を選択したのだ。普天間基地移設問題の現場としての「辺野古」が注目されるほど、区民が生活する現場としての辺野古は後景に下がっていく。そのことを象徴する風景だった。

†二〇一五年～二〇一七年――埋め立て承認をめぐる攻防と工事の進展

翁長知事の誕生をもってしても、建設工事は止まらなかった。知事選からわずか三日後の一一月一九日には、知事選への影響を避けるために止めていた海上での作業を再開する。そして二一日、「アベノミクス」への信任を問うために安倍首相は衆議院を解散する。これに伴い作業は二三日以降、再び中断される。

一二月一四日の投票日、自民、公明両党はわずか一議席減らしただけの圧勝だったが、沖縄では四つの小選挙区のすべてで「建白書」の実現を公約に掲げた「オール沖縄候補」が当選するという、正反対の結果となった。もっとも落選した四名の自民党候補、および知事選落選後すぐに維新の党から立候補した下地幹郎も比例九州ブロックで当選を果たし

図 4-9　翁長候補当確の瞬間（一番右が西川）

たため、立候補した九名全員が当選している。この結果を受けても政府の姿勢は一ミリも変わらず、二〇一五年一月一五日、海上での作業を五四日ぶりに再開した。

これ以降、争点は仲井眞前知事が行った埋め立て承認を、翁長知事が取り消すか否かへとシフトしていく。八月一〇日から九月九日までの一カ月間、作業を全面的に停止したうえで県と政府との五回におよぶ集中協議が行われたが、双方の主張は平行線のまま交わることなく決裂し、九月一二日、政府は建設作業を再開する。そして翁長知事は一四日、埋め立て承認を取り消すと発表、一〇月一三日に取り消しが確定する。

だが翌一四日、沖縄防衛局は行政不服審査法に基づき、公有水面埋立法を所管する国土交通大臣に対し、翁長知事の承認取り消しを無効とするよう審査請求を行い、さらに取り消しの効力を止める執行停止を申し立てる。沖縄県は二二日に提出した意見書と弁明書で、行政不服審査法は国民の権利利益の救済を目的とする法律であり、国の機関である沖縄防衛局が私人と同じ立場で申し立てる資格はないなどと反論した。

しかし国土交通大臣は二七日、承認取り消しの執行停止を発表し、さらに地方自治法に基づき、沖縄県知事に代わって承認取り消し行為を取り消す代執行の手続きに着手することを閣議決定する。そして一一月一七日、国土交通大臣は代執行に向けた訴訟をおこし、翁長知事も国土交通大臣の執行停止は違法だとして取り消しを求める抗告訴訟を一二月二五日におこす。

というように、埋め立て承認をめぐって沖縄県と政府は争訟を繰り広げていった。最終的に二〇一六年一二月二〇日、最高裁は、承認取り消しは違法であるとして翁長知事の上告を棄却し、敗訴が確定する。

これを受けて翁長知事は二六日、承認取り消し処分を取り消し、仲井眞前知事が行った承認が復活する。政府も翌二七日、工事を再開する。なお、最高裁の判決が出る一週間前には、普天間基地所属のオスプレイが名護市東海岸の沖合に墜落する事故が起きている。

年が明けてからも工事は順調に進み、二〇一七年四月二五日には、建設される基地を波から守るための護岸の建築工事も始まり、海での本格的な建設作業が進められていった。翁長知事は、岩礁破砕許可など、あらゆる知事権限を使って建設を止めると主張するも、有効な手立てを生み出せないまま時間が過ぎていく。一二月頃には、シュワブと隣接する集落側の浜辺からも、建設された護岸が見えるようになっていた。

†二〇一五年〜二〇一七年——辺野古に広がるあきらめ

この翁長県政が政府との争訟を繰り広げ、結果的には埋め立て承認が復活し、建設工事が進展した三年の間、辺野古では何が起きていたのか、ここで見ておこう。

二〇一四年八月の一八項目の要請書に掲げられていた条件のひとつである「補償的施策」として、政府は二〇一五年一一月二七日、実質的に久辺三区を対象とした補助金である「再編関連特別地域支援事業補助金」を創設する。

この長ったらしい名前の補助金の目的は、移設に反対している名護市には交付していない米軍再編交付金の代わりに、容認している久辺三区に対して直接補助金を交付することにある。ある区民が「市長が反対しているからもらえなくなったものを直接交付してもらっているだけ」と語っていたように、久辺三区としては、もらうべきものをもらえるようにしたということになる。

辺野古区長は、政府からこの補助金の提示を受けた際、「移設の見返りではなく、迷惑しているから補償を求める立場」(『沖縄タイムス』二〇一五年一一月二〇日付朝刊)と発言している。

移設容認の見返りではなく、迷惑料であることを強調したのは、その数日前に菅官房長官が、「直接被害のかかる辺野古の地元も条件つきで賛同している」と語っていたからだ。この菅の発言に対して辺野古区長は、「賛同というのはちょっと違う」(同)と反論しているように、辺野古としては、あくまでも条件つき「容認」であり、受け入れに賛同しているわけではないし、補助金などの金銭補償がほしくて容認しているわけでもないのである。

しかし、条件つきとはいえ、受け入れを容認しているという事実があるかぎり、政府は条件を満たしやすい金銭補償のところから提示してくるし、条件が満たされていくほどに辺野古が建設に反対できる余地は少なくなっていく。西川が、「辺野古が賛成している、と首相や官房長官が発言すると、区長は新聞などで反論するけど、反論しているだけで抗議はしていない」と鋭く指摘しているように、辺野古は政府への抗議すらできない状況に追いやられていった。

その西川も、二〇一七年三月に会ったときは、あきらめの思いを強くしていた。「区民の会」も二〇一五年五月には解散しており、一区民として活動を続けていた西川は、私に「個人としては一〇〇パーセントくるだろうと予想している」と語った。

だがそれに続けてすぐ、「でも外に対しては九〇パーセントといいたい。残りの一〇パーセントは翁長知事、稲嶺市長ががんばっているから。反対派の象徴である自分があきらめたら、翁長知事、稲嶺市長は今よりもっと厳しい状況になる」と付け加えている。「命を守る会」の代表に再び就いたとき、「最初に代表をやった責任」から引き受けたと語っていた西川は、「区民の会」が解散したあとも、その責任を背負い続けているのである。

この頃から西川は、これまでの自分の活動をまとめた本を出したいと考えるようになっていた。編集を手伝ってほしいと言われた私は、もちろん引き受けることにした。

†二〇一八年二月――名護市長選挙

普天間代替施設／辺野古新基地の建設に向けた工事が海上で進められるなか、名護市は市長選挙の時期を迎えた。立候補したのは三選を目指す現職の稲嶺進と、五期つとめた名護市議を辞して市長選に挑んだ渡具知（とぐち）武豊の二人である。

渡具知を推しているのはもちろん自民党である。ただ、移設推進を掲げて敗北した前回の反省から、今回は「県と国との裁判を注視する」として賛否を明確にせず、普天間基地移設問題を再び争点からはずした。ただ、米軍再編交付金については「受け取れるのであれば受け取る」とすることで、容認する用意があることを示してもいた。

市長選を「市民のくらしを豊かにするための選挙」だと位置づけ、中心市街地の無料Wi-Fi実現、有料ごみ袋の半額化、一六種類にわけていたごみの分別を五種類に減らす、など、生活に密着した施策を掲げていた。なお、ごみ分別の簡素化は選挙戦でも全面的に押し出されており、普天間基地移設問題とのギャップの大きさに驚かされた。

そしてもうひとつ、大きな公約に掲げていたのが、保育料、学校給食費、子ども医療費（高校生まで）の無料化という三つの無料化策による子育て支援である。もちろんその財源は米軍再編交付金なのだが、そのことは一言も触れられなかった。

稲嶺陣営は、二期八年の実績を掲げてはいたが、やはり中心は辺野古新基地の建設反対の主張であった。翁長知事とのつながりの強さをアピールしつつ、稲嶺市政が継続すれば市長権限を行使して普天間代替施設の建設を止めることができると主張した。

政府との争訟に負け、一度は取り消した埋め立て承認が復活し、護岸工事が進められているという現状を受け、名護市民のなかにあきらめの雰囲気が広まりつつあるなか、ただ反対を主張するだけでは説得力に欠ける。それゆえに「止められる」という保証を示さなければならなかったのだが、県知事でさえ止められないのに、なぜ市長が止められるのか、その根拠は乏しいと言わざるを得なかった。

投票日は二月四日。今回の市長選挙にも、三日攻防のタイミングで名護入りした。名護の町はいつもの市長選のときと同様の風景が広がっていた。渡具知陣営は、本人の似顔絵イラストの上に「若い市長」「新しい風」「世代交代」「若い力結集」の言葉が書かれた四種類ののぼりを用意していた（図4-10）。渡具知は当時五六歳。七二歳の稲嶺と比べればたしかに若いが、そこまで若い候補者とは言えないだろう。稲嶺陣営ののぼりは、下地の色が異なる二種類の「未来へ進む」と書かれた、「進」という本人の名前を活かしたものだった。

渡具知陣営で特徴的だったのは、全国的に人気の高い小泉進次郎衆院議員が、選挙期間中に二度も名護入りしたことである。電柱にも「小泉進次郎来たる!!」と書かれた告知ポスターがあちこちに貼られていた(図4-11)。

小泉の二度目の演説は、選挙戦が終わる三日の一九時から名護市役所前で行われた。渡具知陣営はこのために打ち上げ式の時間をいつもより早めて一七時半からに変更するほどであった。

市役所前には予想以上の人が集まっていた。聴衆に向けて小泉は、「名護市長選挙は国と県との代理戦争だとマスコミは書いているが、本当にそうなんですか、名護市で生活をしているみなさんの未来を決める選挙なのではないですか」と問いかけ、「毎回の選挙で、右か左か、イデオロギーを問われるようなことはこれで終わりにしたい。市民の生活を一歩一歩前に進めていくための選挙を今回からやりませんか」と訴える。そして「渡具知さんは、国にべったりではないが、国を使うところは使ってまちづくりをしたいといっている。国と交渉できる人が市長にならなければならない」と渡具知を持ち上げた。

一九九八年以降の名護市長選が「市民の生活を一歩一歩前に進めていくための選挙」に

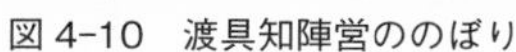
図4-10　渡具知陣営ののぼり

図4-11　小泉進次郎のポスター

なっていなかったのは、政府が普天間基地移設問題を名護に持ち込んでいるからである。その持ち込んだ側である自民党の議員が、こんな選挙はやめようと語る。その矛盾は明らかだが、こんな矛盾が乗り越えられてしまうほどに、名護市民は、市長選のたびに辺野古の是非を問われること、そしてどのような結果が出ても建設が止まらないことに、うんざりしていた。そこが、これまでの市長選挙との大きな違いだった。

　この違いは、辺野古において

より明確にあらわれていた。まず、辺野古公民館の周囲の柵には渡具知陣営が作成した横断幕が三枚も貼られていた（図4-12）。区としても渡具知の当選に期待していたことは明らかだった。

また、両陣営とも辺野古に選対事務所を置いていたが、稲嶺陣営の事務所はほとんどが名護市外から来た人たちで、本土から来ている人たちも多かったのに比べ、前回よりも大きく明るい部屋に置かれた渡具知陣営の事務所には、辺野古の人たちが多く集まっていた。青年会が積極的に関わっていたことから若い世代も多く、話を聞いてみると、「稲嶺市長は反対だ反対だといってるけど、反対と阻止は違う。阻止は止めることだけど、反対は立場を表明しているだけ。でも辺野古にとっては阻止できなければ意味がない」「海が埋め立てられるのは嫌だし、オスプレイや戦闘機が上空を飛ぶのは怖い。でも建設されるのならちゃんと交渉する必要があるし、それは反対している稲嶺さんではできない。交渉するためには政府とつながっている渡具知さんじゃないと」と語ってくれた。そして稲嶺市長はゲート前には行くが集落には入ってこない、自分たちの声を聞こうとしないとして非難するのだった。

投票日の夜、私はふたつの選対事務所を行き来しながら当確が出るのを待っていた。今

図4-12　辺野古公民館の周囲の柵にかかる横断幕

回はゼロ打ちとはならず、沖縄ローカルのテレビ局がインターネットで放送していた特別番組が途中経過として伝える票数もずっと同じ。渡具知事務所ではお酒を飲みながら、稲嶺事務所ではさんぴん茶を飲みながら、開票が進むのを待っていた。

二二時五〇分、ついに当確がでた。勝ったのは渡具知だった。その瞬間、私は渡具知事務所のほうにいた。拍手、バンザイ、指笛が鳴り響く。辺野古の声を政府に伝えてくれる市長が八年ぶりに誕生したことを、みんな喜んでいた（図4-13）。

なお最終的には三四五八票の差がつく、

渡具知の圧勝だった。海上での工事が進み、政府と県との対立も続くなか、民主党政権誕生直後の二〇一〇年市長選や、仲井眞知事による埋め立て承認への反発と建設への危機感が高まっていた二〇一四年市長選のときには稲嶺の得票につながっていた「辺野古移設反対」の民意は、今回は十分にはつながらなかったのであろう。

この結果を受けて菅官房長官は、「選挙は結果がすべて」と語り、渡具知の当選は名護市民が辺野古移設を認めたことを意味するとの解釈を示した。そして渡具知市政が始まると、凍結されていた米軍再編交付金の再開を決定し、四月には二〇一七年度と一八年度分をあわせた二九億八〇〇〇万円を名護市に交付した。

これを受けて渡具知市長は、市議会六月定例会に、学校給食費と保育料の無料化、および子ども医療費の無料化対象を高校生まで拡大するため、二五億四二二〇万円の補正予算案を提案する。紆余曲折はあったがほぼ提案どおり可決され、九月以降、無料化が順次実施されていった。

†二〇一八年六月――辺野古の地位の相対的な低下

さて、渡具知市長の誕生を喜んだ辺野古だったが、皮肉なことに、それによって辺野古

図 4-13　渡具知候補当確の瞬間

の地位は相対的に低下してしまう。政府は、稲嶺市長が反対していたからこそ、辺野古区ないし久辺三区と交渉していた。しかし受け入れを事実上容認している渡具知が市長になったことで、政府は名護市と直接交渉すればよくなったのである。

その影響は、補償面において顕在化していく。六月五日、小野寺防衛大臣は渡具知市長および久辺三区の各区長と会談し、久辺三区に直接交付していた「再編関連特別地域支援事業補助金」の廃止を伝えた。名護市への米軍再編交付金の交付を再開したことに伴い、二重払いになるからという理由で廃止されたのだ。補助金自体がなくなるわけではないとはいえ、名護市の意向によって分配されるようになる以上、使い勝手は悪くなる。

続いて政府は七月三一日、沖縄防衛局を通して、世帯別の補償は法的根拠がなく実施できないと辺野古区行政委員会に伝達した。つまり、辺野古が求め続けていた、住民個人への補償金は出せないと通告してきたのである。

これについては二〇一四年一〇月一四日の衆議院安全保障委員会（第一八七国会）において、沖縄県選出の赤嶺政賢議員が、世帯別補償は現行制度のもとでは不可能であるという言質を防衛省より引き出しており、辺野古の人たちも難しいだろうとは思っていた。それでも政府は可能性を完全には否定することなく、曖昧なままにしていたのだが、それがここにきて実施できないと明言したのである。辺野古の同意がなくても、名護市の同意さえあれば建設作業を進めることができると政府が判断したということなのだといえよう。

こうした政府の態度の変化は、辺野古区民の不満を高めている。少し先の話になるが、二〇一九年一月二四日、沖縄防衛局は、世帯別補償の代替的な振興策の素案を配布し、定住促進事業、子育て支援事業、高齢者支援事業、人材育成事業の四項目一六素案を提示している。だが区民からは「地域活性化と引き換えに基地受け入れを表明したのに、最大限の補償がこれなのか」との声が上がっている（『沖縄タイムス』二〇一九年二月六日付朝刊）。

だが、それでも行政委員会は容認の立場を撤回することなく、政府との交渉を続けている。たとえ辺野古が反対に転じたとしても、容認という名護市の意思のほうが尊重されるからだ。かくして辺野古は、反対にまわる契機を失ったまま、現在に至っている。

†二〇一八年八月――埋め立て承認の撤回と翁長知事の死

「地元」である名護市の市長が事実上の容認派となったことで、翁長知事を支え、辺野古移設阻止を目指す「オール沖縄」陣営は、厳しい状況に陥った。一一月に予定されていた県知事選挙に向けての戦略が検討されていた四月一〇日、翁長知事の膵臓(すいぞう)に腫瘍が見つかったとの報道が流れた。検査の結果、腫瘍は悪性であることがわかる。膵臓癌である。

それでも翁長は、知事としての職務を継続する。とりわけ重要だったのが、仲井眞前知事が行った埋め立て承認の撤回だ。取り消しの場合、承認の手続きに法的な瑕疵があったことを明らかにすることが求められていたのに対し、撤回の場合は承認後に新たな問題が発生していることを示す必要がある。また撤回は知事に残されている最大の抵抗手段であることから、慎重かつ綿密な準備が必要であった。とはいえ、八月一七日に土砂を投入するとの通知書が沖縄防衛局から出されており、早めの撤回が求められてもいた。

七月二七日、知事はついに承認撤回を表明する。撤回の理由には、埋め立て予定海域に「マヨネーズ状」とも評される軟弱な地盤があり、さらには地震を引き起こす原因となる活断層が存在している可能性が承認後に判明したこと、新基地が建設された場合に周囲の建物が米国防総省の航空機の高さ制限に抵触することなどが挙げられた。三一日には、防衛局の意見を聞き取る「聴聞」を八月九日に実施することを通知し、聴聞が終了したのちに撤回の手続きを行うとの流れが示された。

だが撤回表明からわずか一一日後の八月八日、翁長知事は逝去した。享年六七。知事に就任して以降、国との激しい対立にさらされながら、任期をまっとうすることなく、承認撤回を自らの手で成し遂げることもなく、志半ばで旅立たれてしまった。

その逝去のニュースが流れたのは一八時くらいだったと思う。さぞかし無念であっただろうな、そして沖縄はこれからどうなるのだろうか、と考えていたとき、スマホが震えた。二〇一八年名護市長選のときに取材を受けた、共同通信社の記者からだった。翁長知事の追悼記事を書いてもらいたいという。その重責に一瞬たじろいだが、引き受けた。

手元にあった翁長知事の著書『闘う民意』(角川書店)を読み返し、その日のうちに記事を書き上げた。沖縄に生きる人たちの生活と未来を守るために闘う「真の沖縄保守政治家」であった翁長知事にとっては、普天間基地周辺の住民も辺野古周辺の住民も、ともに守るべき県民であり、だから翁長知事は政府と対立せざるを得なかったのだと書いた。

話を戻そう。翁長逝去の翌日である九日、予定通り聴聞が開催された。聴聞の結果、公有水面埋立法の承認要件を充足していないことが明らかになったとして、八月三一日、謝花喜一郎副知事によって、承認は撤回された。

†二〇一八年九月――沖縄県知事選挙

本来であれば一一月一八日に実施される予定だった県知事選挙は、九月三〇日になされることになった。自公陣営は七月初旬の段階で、現職の宜野湾市長である佐喜真（さきま）淳に候補者を絞りこんでいた。佐喜真は八月一四日、市長辞職願いを提出し、出馬表明を行った。一方の「オール沖縄」陣営は、翁長の続投を前提としていたことから対応が遅れたが、最終的に自由党幹事長で衆議院議員である玉城デニーが立候補することとなり、八月二九日、出馬を表明した。

佐喜真陣営は、「対立から対話へ」をスローガンに掲げながら、全国最下位の県民所得の向上や子どもの保育料・給食費・医療費の無償化などの実現を、政府との対話を通して実現するという「暮らし最優先」の県政を訴えていった。一方、辺野古での基地建設問題については、二月の名護市長選挙と同様まったく言及せず、普天間基地の固定化は絶対にあってはならないとだけ主張するという方針をとった。

自民党本部も全面的に支援し、小泉進次郎議員は三回も応援演説に立った。自民党沖縄県連が地元紙に掲載した全面広告には、端正な小泉の顔とともに、「手を伸ばせば豊（か）さを手に入れることが出来るのです。所得の大幅アップで、安心して子育て出来る沖縄にしていきませんか」とのメッセージが書かれていた。

玉城陣営は、翁長知事の次男である翁長雄治那覇市議を青年局長に据え、翁長の妻も顔を出して応援するなど、翁長の遺志を継ぐ候補者であることを強調しながら、辺野古新基地建設の阻止を訴えつつ、「誇りある豊かさを」をスローガンに据えた選挙戦を展開した。また独自の政策として、民主主義（Democracy）、多様性（Diversity）、外交（Diplomacy）の三つのDを掲げて「新時代沖縄」を打ち出した。なかでも「多様性」は、父親が米軍兵士であるという自らの出自ともつながる、玉城氏らしさの表れた政策であった。

今回の知事選も三日攻防からの取材となった。初日は那覇で小泉進次郎の応援演説や、国際通りで演説する玉城デニー候補を見て過ごした（図4－14、図4－15）。名護には二日

図 4-14　佐喜真候補（中央）と小泉進次郎

図 4-15　ひさまずいて話を聞く玉城候補（左端）

目に向かったのだが、ちょうどこのとき、沖縄にはかなり強い台風が近づいていた。そして選挙戦最終日に台風が上陸。取材どころかホテルから出ることさえ危険なほど激しい風雨に見舞われた。そして夜にはホテルが停電。もう寝るしかなかった。

幸いにも夜のうちに台風は通り抜け、投票も無事に行われた。とはいえ名護市内は電気が復旧していないところも多く、宿泊先のホテルは午後になっても停電したままだった。辺野古もまだ停電しているということだったので、いち早く復旧した名護市街地で、辺野古在住の若者が経営しているダーツバーで過ごすことにする。その前に辺野古の友人と「せんべろ」居酒屋でビールを飲み始めたのは、一九時五〇分頃。まさかゼロ打ちはないだろう、と油断していたのだ。

だが実際には二〇時ちょうどに、玉城デニーの当確が速報された。最終的には約八万票の大差がついており、玉城が得票した三九万六六三二票は、沖縄県知事選史上最多の得票数だったのだが、選挙戦を見るかぎり、そこまでの差がつくとは思ってもいなかった。しばらくスマホで情報収集したあと、二杯目のビールを飲み始めていた友人に感想を聞いてみた。佐喜真氏の勝利しかイメージしていなかったという彼は、少し考えてからこういった。「もう辺野古に重大な決定をさせないでほしいですね」

とはいえ、彼が落ち込んでいたかといえばそうではない。佐喜真氏が勝っていたとしても、それほどには喜ばなかっただろう。誰が知事になったとしても、建設が止まるとは思っていないからだ。

ダーツバーに移動すると、まだ停電している辺野古から来た人たちがたくさん集まっていた。誰かが店に来ると、「負けたな」「負けましたね」と挨拶を交わしていた。そのあとは、誰も知事選の話をすることなく、いつもの夜が更けていった。

†二〇一八年一二月――土砂投入開始

誰が知事になっても止まらないだろうと辺野古の友人が懸念していたとおり、やはり政府が建設を見直すことはなかった。一〇月一二日に玉城知事と会談した際、安倍首相は「これまで進めてきた政府の立場は変わらない」と玉城知事に伝え、会談後の記者会見で菅官房長官は「(普天間基地を返還するためには)辺野古移設が唯一の解決策だ。この考え方に変わりはない」と強調した。

沖縄防衛局は一七日、埋め立て承認の撤回は著しい行政権の濫用であるとして、「取り消し」のときと同様、行政不服審査法に基づいて撤回処分の取り消しを求めて国土交通大臣に審査請求を行った。さらに撤回の効力を一時的に止める執行停止も申し立て、これを大臣が認めたことで撤回の効力は停止し、一一月一日、工事が再開される。

これに対して玉城知事は、執行停止は違法な国の介入だと主張して、国地方係争処理委員会（係争委）に審査を申し出たが、政府は一二月一四日、審査結果を待つことなく、建設予定地に土砂を投入する。本格的な建設工事がついに始まったのだ。

もちろん玉城知事は反発し、会見で「県の要求を一顧だにすることなく土砂投入を強行したことに対し、激しい憤りを禁じ得ない」「あらゆる手段を講じていく」と訴えた。そして翌日には知事就任後初めてシュワブゲート前を訪問し、「ひるんだり怖れたりくじけたりしない。勝つことは難しいが、諦めない」と市民に向けて宣言した。なお一六日の報道で、土砂投入が行われた一四日の夜に沖縄防衛局が忘年会を開催し、さらに同局の係長が酒気帯び運転で逮捕されるという事件が明らかになり、県民の怒りに拍車をかけた。

しかし年が明けても土砂の投入は続いていく。そして二〇一九年二月一八日、係争委は沖縄県の申し出を却下する。執行停止は「国の関与」に当たらないため審査対象にならないという理由で門前払いしたのだった。

†二〇一九年二月——辺野古米軍基地建設のための埋立ての賛否を問う県民投票

ここまで見てきたように、政府は、首長選挙だろうが国政選挙だろうが、辺野古への基地建設を容認したと解釈可能な選挙結果だけを尊重し、それ以外の結果については、選挙の争点は辺野古の問題だけではないとして受け入れてこなかった。これに対して沖縄の市民のなかから、辺野古への基地建設に反対する民意を明確に示すための県民投票が必要だという意見が出てきた。

その実現に向けた団体である「『辺野古』県民投票の会」も二〇一八年四月に発足しており、代表には一橋大学大学院の大学院生であり、「SEALDs琉球」の設立メンバーの一人でもある元山仁士郎が就いた。

元山らはメインスローガンを「話そう、基地のこと。決めよう、沖縄の未来」と定めて、県民投票条例の制定を目指して署名運動を実施し、最終的に九万二八四八筆、法定必要署名数のほぼ四倍の署名を集めた。この署名をもとに二〇一八年九月五日、条例制定の直接請求を沖縄県に行い、県議会での審議の結果、一〇月二六日、県民投票条例が成立する。

しかしここから実施に向けての道のりは、大変厳しいものとなる。なぜなら宮古島市を皮切りに、宜野湾市、沖縄市、石垣市、うるま市の市長が相次いで県民投票への不参加を表明したからだ。いずれも市議会で投票事務に必要な補正予算案を否決されたことを受けての不参加表明であった。

否決の理由も共通しており、普天間基地の危険性除去を検討していないため固定化のリスクが高まる、地方自治体が国防について意見することは国の専管事項を侵すことになる、賛成と反対の二者択一では多様な民意をくみ取ることができない、県民投票実施にかかるとされる五億五〇〇〇万円は予算の無駄遣いである、といったものだった。

なぜ共通していたのか。それは沖縄選出の自民党衆院議員であり、弁護士の資格を持つ宮崎政久が作成し、保守系議員を集めた勉強会で配布された「指南書」がもとになっていたからだ。ここでも自民党は、沖縄の民意を阻害してきたのである。

だが最終的には五市も参加することになる。沖縄県が、「賛成」「反対」に「どちらでもない」を加えた三択にするよう条例を改正するとの方針を示し、これを県議会も、五市長も受け入れたからだ。

こうして二〇一九年二月二四日、「辺野古米軍基地建設のための埋立ての賛否を問う県民投票」が実施された（図4－16）。結果は、普天間飛行場代替施設建設のための辺野古

図 4-16　県民投票ののぼり

埋め立てについて「賛成」が一一万四九三三票、「反対」が四三万四二七三票、「どちらでもない」が五万二六八二票と、反対が投票総数の七一・七パーセントを占めた（投票率五二・四八パーセント）。なお反対票は玉城知事の知事選での得票数を四万票近く越えていた。「知事選は普天間基地移設問題だけが争点ではない」とする政府の主張をしりぞけることのできる票数だった。

　私は県民投票のとき、またも辺野古を訪れていた。投票の前日、条件つき容認派の区民に話を聞くと、県民投票の選択肢のなかに選べるものがないから投票には行かないという。

「二、三日前までは賛成に○をつけるつもりでいたが、やはり条件つき容認であって賛成ではない。どちらでもないに○をつけると無関心層だということになるが、そうではない。反対に○をしても止められる保障はないし、むしろ反対という結果を政府との闘いに使おうとしているだけだから、また対立が続くことになる。これ以上、辺野古を翻弄するなと。（もし反対票が多かったら止められる保障があるのなら反対に……と聞くと、即座に）それは反対に○をしますよ」

県知事選の結果を「せんべろ」で一緒に聞いた辺野古の友人も、県民投票は選挙と違って何かを決めるものではないので、「意図的に行かない」って選択肢もある、投票するのが正しいみたいに言われると、選べる選択肢のない自分としては非難されたみたいに感じてイヤ、と語っていた。

投票した区民ももちろんいる。二〇一〇年市長選で稲嶺側に、一四年市長選では末松側についた商店主は、今回は反対に投票したといっていた。今は意味がないかもしれないけれど、ここで反対していたこと、反対が多数になったことが五年後、一〇年後に意味がでてくるかもしれないから、だという。

このように辺野古の人たちの、この問題に対する考え方は、本当に多様で、複雑だ。市長選挙のように「何かを決める」投票であれば、自分の意思を票に乗せることができる。だが県民投票のように「意見を問われる」投票だと、思いが複雑すぎて選べないのである。

安倍首相は県民投票翌日の衆議院予算委員会で「結果を真摯に受け止める」と答えたが、こうした複雑な辺野古の思いまで理解することこそ、「真摯に受け止める」ことだ。この日も土砂を辺野古の海に投入し続けた政府が、軽々しく使っていい言葉ではないのである。

†二〇一九年一二月――工期と費用の計画見直し

県民投票後も工事は進む。この現状が政府の方針に追随する首長を生み出していく。

六月に沖縄本島南部にある八重瀬町の町議会が「米軍普天間飛行場の名護市辺野古移設を促進する意見書」を賛成多数で可決したのを契機として、宮古島市議会、石垣市議会で同様の意見書が可決されていき、九月には普天間基地を抱えている宜野湾市議会でも可決される。意見書には、「政府と県の議論は移設先のみに終始し、当事者である宜野湾市民が置き去りにされている」と指摘したうえで、「日米両政府が移設先は辺野古崎が唯一の解決策としている以上、苦渋の決断の時期と思慮せざるを得ない」と書かれていた。

そして政府は一二月二五日、工期と費用の計画見直し案を発表する。玉城知事が撤回の根拠にもあげている、建設予定海域における軟弱地盤は実際に存在しており、政府は砂杭を七万本超打ち込むことで地盤改良を行うとしてきたが、それに伴う工期の延長と費用の増額を踏まえ、工期が一二年、建設費用は約九三〇〇億円（支出済み一四七一億円を含む）という新たな計画を提示したのである。しかも工期の起算日が、軟弱地盤の改良工事に伴う設計変更申請を県が承認した時点に設定されたことで、県が反対し続けるかぎり建設工事は進まず、したがって普天間基地の返還期日も延びていくという仕立てになっていた。

これを受けて玉城知事は翌二六日、県庁で記者会見を開き、工期が延びたことで「普天間の一日も早い危険性除去につながらないことが明らかになった」と、辺野古への基地建設の根拠が失われたとの見解を示した。

二〇二〇年九月〜二〇二一年一二月――進む建設工事

二〇二〇年は、政府と沖縄県の間で様々な訴訟が繰り広げられてはいたものの、大きな動きはなかった。新型コロナウイルスへの対応に、政府も沖縄県も追われていたからだ。

八月二八日、安倍晋三首相は、自身の体調悪化を理由に辞任し、九月一四日の自民党総裁選挙で、菅義偉が次の総理に選出される。辺野古移設を強行してきた安倍首相を官房長官として支えてきた菅が首相になったのである。建設の方針が変わるはずもなかった。

実際、菅首相は二〇二〇年四月二一日、軟弱地盤の改良工事に伴う設計概要変更承認申請書を沖縄県に提出し、計画を一歩前に進めている。なおこの変更申請で新たに盛り込まれた埋め立て用の土砂の採取地のなかに、沖縄戦の激戦地であり、今も多くの遺骨が眠る沖縄本島南部が含まれていたことから、遺骨が含まれている土砂を新たな米軍基地建設のために用いることへの強い反発が沖縄の内外から起きることとなった。

その菅も二〇二一年九月三日、自民党総裁選には立候補せず、九月末の総裁任期満了とともに首相を退任する意向を示し、一〇月四日に内閣総辞職を行う。そして同日、自民党総裁である岸田文雄が国会の内閣総理大臣指名選挙、皇居での任命式を経て首相に就任したことを受けて退任した。

こうしたなか、玉城知事は一一月二五日、菅政権のときに提出されていた設計変更申請を不承認にすることを正式に発表した。防衛局に三九項目四五二件の質問を出し、その回答を踏まえた審査の結果、軟弱地盤が海面下九〇メートルまで広がっていると指摘されている地点での調査がなされておらず、地盤の安定性が十分に検討されていないこと、変更により工期が延びるため普天間基地の危険性の早期除去につながらないことなどを理由に、承認できないと回答したのである。

これによって政府は、シュワブの東側、軟弱地盤が広がる大浦湾側での工事に着手できないことになった。とはいえ、シュワブの西側、つまり埋め立てが進む辺野古側での工事は止められないため、護岸工事や埋め立て作業はこれまで通り進められていく。

一二月六日、岸田首相は所信表明演説を行った。沖縄については、「日米同盟の抑止力と普天間飛行場の危険性の除去を考え合わせたときの唯一の解決策である辺野古移設を進め、普天間飛行場の一日も早い全面返還を目指します。丁寧な説明、対話による信頼を地元の皆さんと築きながら、沖縄の基地負担軽減に取り組みます」とし、これまでの方針を踏襲することを示した。

そしてその翌日、防衛省は、玉城知事による設計変更申請の不承認について、精査した結果、不承認とされる理由はなく、不承認処分は取り消されるべきだとの判断から、行政不服審査法に基づき国土交通大臣に審査請求した。

こうして二〇二一年は終わった。そして二〇二二年一月、名護市は、一九九八年から数えて七回目の市長選挙を迎えることになる。

第五章

二〇二二年名護市長選挙

一九七二年五月一五日、沖縄が日本本土に「復帰」してから五〇年となる二〇二二年は、沖縄にとって選挙イヤーでもある。

七月二五日、九月二九日にそれぞれ任期満了を迎える参議院選挙と県知事選挙に加え、一八市町村で首長選挙がある。さらに四年に一度の統一地方選挙の年に当たるため、三〇市町村議会で議員選挙が実施される。その皮切りとなるのが、沖縄本島南部にある南城市の市長選挙、そして名護市長選挙である。

一月一六日告示、二三日投票の名護市長選挙に立候補したのは、現職の渡具知武豊と、四期つとめた名護市議を辞めて市長選に挑む岸本洋平である。

二〇一〇年名護市長選挙について書いた第三章でも触れたように、岸本は一九九八年から二期にわたって名護市長をつとめた岸本建男の長男である。任期中の一九九九年一二月に七つの条件をつけて普天間代替施設の辺野古への建設を受け入れた人物の息子が、建設反対を訴えて市長選挙に立候補する。この問題の長さと、そして複雑さを考えざるを得ない。

このとき沖縄では、新型コロナウイルスの変異株である「オミクロン株」の感染者が急拡大していた。二〇二一年一二月中旬、沖縄本島北部の金武町を中心に宜野座村、恩納村、名護市に広がる米海兵隊基地キャンプ・ハンセンで海兵隊員九九名のクラスターが発生し、日本人基地従業員が感染したことを契機に、沖縄全域に拡大していったのである。

しかもクラスターを発生させたのはアメリカ本国から来沖した兵士であり、かれらはアメリカ出国時に感染の有無を確認するためのPCR検査を受けておらず（なお、すべての在日米軍施設で二〇二一年九月三日以降、出国時検査が免除されていたことも判明した）、入国後の行動制限期間中も基地内での移動は制限されていなかった。玉城知事は一月二日の会見で「県内のオミクロン株の感染拡大は米軍からの染み出しが大きな要因」と発言した。

そもそも米軍関係者は、日米地位協定に基づき日本側の検疫の対象になっていない。どれだけ政府が「水際対策」をとっても、どれだけ沖縄が観光客の来県や県出身者の帰省の自粛を呼びかけても、基地から染み出してくる新型コロナウイルスのため、感染は収まらないのである。

このような状況にあったことから、私も今回は名護入りをしないほうがいいのでは、という思いが何度も頭をかすめた。しかし、やはりどうしても実際に自分の目で名護を、そして辺野古を見ておきたい。

事前に陰性であることを確認し、高機能マスクKN95を着用したうえで、一月一九日、私は名護に入った。水曜と木曜には大学での講義があり、木曜は会議もあったのだが、講義はオンデマンド配信で、会議はZoom参加で乗り切ることができたことだけは、コロナのおかげだった。

一月一九日（水）　くもり

ANA467便で沖縄へ。羽田空港も人が少なかったが、機内はもっと少なかった。全体で三〇人くらいしか乗っていなかったのではないだろうか。コロナが沖縄に与えている影響の大きさを実感させられる。

那覇空港に到着したのは一二時少し前。天気はくもり、気温一七度。沖縄にしてはやや寒いが、東京とは比べものにならない暖かさだ。

一階にある「空港食堂」でタコライスを食べたあと、レンタカーを借りて沖縄自動車道を北上する。名護市内のホテルにチェックインしたあと、すぐに辺野古に向かい、西川の自宅に行く。

縁側から部屋に入ると暖房がついていた。見た目は頑健で、実際に体力もある西川だが、数年前に受けた手術の影響もあり、寒さには弱いのである。

なお、二〇一七年三月に会ったときに話していた、これまでの西川の活動を振り返る本は、二〇二一年七月に『新ヘリ基地建設　辺野古住民の闘い』として自費出版された。私も文字起こしや校正を手伝い、「西川征夫の闘い」という小文も寄稿させてもらっている。

本の出版が沖縄の地元二紙で報道されると、沖縄内外から購入の問い合わせがはいり、記事に自分の携帯番号をいれていたので電話がなりっぱなしだったという。印刷した五〇〇冊は、保存分を残してすべて売れたとのことだった。公民館にも一冊、寄贈したそうだ。

西川とは、市長選の情勢についていろいろと話をした。そしてそこではじめて、今回、辺野古には選対事務所が両陣営とも開設されなかったことを知る。コロナの影響ももちろんあるが、それだけではなかった。

まず渡具知陣営については、中心になって動くはずの方が健康上の問題を抱えていたことが大きいという。とはいえ、別の区民が動いてもいいのに、そういう動きは生まれなかった。前回の市長選とは大違いである。辺野古の地位が相対的に低下したことの影響があるように思う。

一方の岸本陣営は、後援会事務所はできているものの、活動しているのは二人だけ。ゲート前での抗議行動を支援している人たちが辺野古集落に持っている事務所で一二月に事務所開きをやったものの、そこで区民の活動をやるわけにはいかないため、元「命を守る会」のメンバーで動ける人たちが、おのおので集票活動をやるということになったという。

その集票活動というのは、支援者カードと言われている用紙に、投票すると答えてくれた人の名前を記入していくことであり、これが票読みの資料になる。そしてそのときに活躍するのが、辺野古区民の自宅電話番号がまとめてある「辺野古電話帳」だ。

しかし西川は、今回はこれが役に立たないという。電話帳に載っているのは固定電話なのだが、携帯ではなく固定電話をつかっている高齢者たちが、亡くなったり養護施設にいったりしているのだ。辺野古で移設に反対し続けている人は高齢者に偏っているため、役に立たないのである。

コロナの影響を差し引いても、両陣営ともに辺野古に選対事務所を開設できなかったことは、辺野古にとっての今回の市長選の意味を象徴している。辺野古にとっては、どちらが勝っても、あまり違いはないということだ。

一九時半から、革新陣営の打ち上げ式の定番である「青山前」で、岸本洋平が玉城知事とともに街頭演説をするという情報がＳＮＳに流れてきていたので、レンタカーでいっしょに名護の西側に向かう。

図5-1　タピックスタジアム名護

車でいけば三〇分もかからずに行ける距離なのだが、東側と西側の差は大きい。いつ行ってもあまり変わらない辺野古とは違い、西側には国道58号沿いを中心に新しいマンションが建ち、新しいホテルが開業し、あるいはリニューアルしている。北海道日本ハムファイターズがキャンプを行うことでも有名な名護市営球場はきれいに改修され、タピックスタジアム名護として生まれ変わった（図5-1）。

夕食をご馳走になったあと、歩いて青山前に向かいながら、西川はしきりに、道路が立派だ、歩道がきれいだという。かつて土建業界で働いていた西川は、西側とのインフラの違いに敏感だ。だが、それにも増して、辺野古に負担を押しつける形で西側が発展していることへの忸怩たる思いが、あふれているように感じた。

青山前には支援者もいたが、それよりもマスコミの数のほうが多かったように思う。玉城知事による応援演説のあと、岸本は、マスクをつけたまま、保育料・給食費・子ども医療費の無料化にかかる予算は名護市の一般会計予算の一・五パーセントに過ぎず、米軍再編交付金が止まっても続けられること、父親の苦悩する姿を見続けてきたこと、父親が苦しみながら受け入れの条件にした七条件も、名護市民や沖縄県民の意思もなかったことのように建設が進められたこと、「国と県の裁判を見守る」の一点張りで四年間なにも自分の意見を言わない現市長は無責任であることなど、自身の政策や選挙にかける思いを語りかけていた。

演説がおわったのは、選挙運動が許される二〇時ぎりぎりだった。選挙カーには「復帰生まれの四九歳　若さと情熱のニューリーダー！」「コロナから命とくらしをかならず守る！」「辺野古新基地認めない」と書かれていた（図5－2）。

演説後、西川といっしょに近くにある選対本部に向かった。本部には稲嶺進前市長も詰めていた。

二〇〇二年の市長選のときにいっしょに活動していた方の姿もあり、旧交を温めていたとき、岸本本人が帰ってきた。そして私を見るなり「先生、ようやく会えましたね」とい

図 5-2　岸本洋平候補（右）と玉城知事

ってくれた。

実は岸本の出身大学は、私が所属している明星大学で、しかも学科も同じ社会学科（現在は人間社会学科）である。この奇縁を活かして私は岸本に、著書『交差する辺野古』を送っていたのだ。

岸本はこのあとインスタグラムの生ライブ配信が控えていたので、挨拶をしただけで選対本部を出た。外には新聞社の記者が数名いた。そのなかに旧知の琉球新報T記者がいたので話しかけたところ、選挙後の識者評論の執筆を依頼された。しかも二四日付朝刊、つまり投票日翌日に載せたいという。二四日掲載になるかどうかは別として、執筆を引き受けた。

西川を辺野古まで送り、再び西側へと車を走らせてホテルに戻る。フィールドノートをまとめ、寝ようとしていたとき、ふとツイッターを開いてみると、ツイッター上で音声を使ってリアルタイムで会話する「スペース」のなかに、名護市長選挙についての話をしているところがあるという通知が来ていた。

どんなことを話しているのかと思って興味本位でアクセスしてみたところ、私のアカウントのプロフィールにある「辺野古集落のフィールドワークを二〇年近く続けています」という文章に気づいたスペースのホストが私に参加を呼びかけ、話をしてほしいと依頼される。スペースを利用したのも初めてなのに、いきなりスピーカーにもなるという展開に驚きつつも参加し、辺野古からみた今回の選挙について話した。

スペース終了後も、ホストをやっていた政治アナリストのチャオさんとやりとりをし、ついには電話でもいろいろと情報交換を行い、結局寝たのは午前二時を過ぎていた。

†一月二〇日（木） 雲が多めの晴れ

この日は午後に大学の会議が入っていたため、名護市街地を歩いて回り、街の様子を見る日にあてる。

昨日から思っていたことだが、今回の市長選では電柱に括り付けられたポスターや、候補者の名前が書かれたのぼりが少ない。そもそもポスターものぼりも違法であり、今回は特に県警が厳しく取り締まっているからだという話を聞いてはいたが、かなり少ない。

それでも岸本陣営は「あなたの一票をニューリーダーへ」「あなたの一票で辺野古を止める」と書かれたポスターや、「市民のくらし　あなたの笑顔　子どもの未来　かならず守る！」と書かれたのぼりを、渡具知陣営は「現市長　実現！　3つのゼロ！　子ども医療費無償化　学校給食費無償化　保育費無償化　しっかりとした財源確保でこれからも継続!!」とかかれた板製の看板や、「もっと輝く名護市へ」と真ん中に書かれ、上には渡具知氏、下には小泉進次郎氏の顔写真が配されたのぼりを、各地に置いていた。

この渡具知陣営の看板やのぼりをみればわかるように、渡具知は米軍再編交付金を原資とする無償化政策を実績として掲げ、さらに「しっかりとした財源確保」と付け加えることで、辺野古での基地建設を黙認していけば交付金も継続するし、無償化も続けられるというメッセージを市民に送り続けていた。

小泉進次郎の顔写真入りののぼりが用いられたことも、コロナ禍のため小泉も有力政治家も来県を控えざるを得ないことから、政府とのつながりをアピールする意図があったのだろう。そしてもちろん辺野古については、辺野古の「へ」の字も言わないという戦略をとり、争点はずしに務めていた。

午後のZoom会議を終え、急いで国道58号を北上する。渡具知陣営が夕方から「Vロード大作戦」と銘打った街宣活動を行うことになっていたからだ。58号沿いにある名護漁港付近からタピックスタジアム名護までの二キロ以上の区間に支援者が並び、のぼりやプラカードなどを持って支持を呼びかけるというこの作戦には、本当に多くの人たちが参加しており、沿道はびっしりと埋まっていた。渡具知陣営の動員力を見せつけられた瞬間だった。

夜は再びチャオさんのツイッタースペースで一時間ほどトークに参加する。選挙戦についてだけでなく、名護の西側と東側の格差のことなど、今回の選挙や普天間基地移設問題を理解するうえで必要なことについて話をする。

フィールドノートをまとめたあと、那覇在住の友人二人とラインで意見交換。履歴を見返したら九〇分もやりとりしていた。

一八日に新聞各社が記事にしていた情勢調査では、おおむね現職の渡具知が先行しており、岸本が激しく追っているという分析だったが、「Vロード大作戦」を見るかぎり、勢いは渡具知のほうがあるように感じる。

岸本は若いし、一九七二年生まれの「復帰っ子」でもある。高校時代はラグビーで花園にまで出たスポーツマンで、顔つきも精悍だし、父親も市長だったという出自も考えれば、市民からの人気も高そうな人物である。そうした要素だけでは有権者の信頼は得られないような難しい問題を、名護市は抱えこまされているということなのだろう。

†一月二一日（金）　晴れ

朝食を食べたあと、散歩にでる。ホテルは名護湾のそばにあるので、海まで歩く。対岸には採石場が見える。ここで採取した石や土をトラックに乗せて辺野古まで運び、海に投入する。名護で起きているのは、こういうことである。

政府は今回、選挙期間中も工事は止めず、土砂の投入も続けた。名護市内では土砂を積んだトラックが辺野古に向けて走り、そして土砂を下ろして戻ってくる姿が毎日見られた（図5－3）。どちらが勝っても建設は止めないというメッセージだと捉えた名護市民も多くいただろう。

午前中は辺野古公民館にいった。辺野古区長はこれまで、比較的高齢の方が就く傾向にあったのだが、二〇一九年四月に区長になったKさんは一九七二年生まれの「復帰っ子」で、大きく若返った。なお岸本候補とは高校は違ったが、Kさんも高校時代ラグビーをやっており、試合で対戦したこともあったという。

世代が近くて話しやすいこともあり、Kさんにはこれまで何度も話を伺ってきた。コロナが落ち着いていた前年の一二月上旬、一年八ヵ月ぶりに辺野古を訪問したときも、自宅に招いてもらい、泡盛を飲みながら意見交換をしたばかりだった。

K区長は渡具知支持である。この四年間、稲嶺市政では止まっていたことが明らかに進んだといい、角力が行われる場所でもある下部落の空き地に建設予定の多目的運動広場の概略設計が完成し、津波等からの避難所を兼ねた体育施設を上部落に建設する計画も進行中である。「目の前で埋め立て工事が進んでいる。辺野古が取り残されないようにしなければならない」ということだ。

だが、ただ補償を求めているわけではない。運動広場や体育施設がほしくて新基地の受け入れを容認しているわけではないし、そもそもそんな施設ができたからといって基地負担は何も変わらない。「騒音まで受けいれているわけではない」のである。

そして大事なのは区民の生活を守ることだという。基地が完成し、運用が始まったら、

図 5-3　土砂を積んで走るトラック

使用協定を結ぶよう市長や政府に訴えていかなければならないし、その前からの交渉も必要。だから政府と話ができ、辺野古の話も聞いてくれる渡具知氏を支持しているのだ。そして、一期目だから普天間代替施設のことについて何も発言しなかったのだと思うが、二期目になればいろいろと発言してくれるようになるのではないかと語ってくれた。

K区長は、建設を止められるのであれば止めたいし、反対するだけで止まるのなら反対する、とも語っていた。民主党への政権交代がおきた二〇〇九年の衆院選では、建設を止められると思い、民主党に票を入れたそうだ。「これ、本に書いてもいいですか」と聞いたら、「いいですよ。でも止まることはないと思ってるけど」と返ってきた。

公民館を出て下部落を歩く。公民館の柵には、どちらの陣営の横断幕もかかっていなかった。シュワブと隣接している浜辺までいき、写真を撮る。フェンスの向こう側には、監視員が一人、こちらを向いて立っている。

その奥には護岸が見える。辺野古の人たちにとって大切な場所である無人島の平島も長島も、護岸に遮られて見えなくなってしまった（図5-4、図5-5）。

午後はホテルに戻り、朝日新聞の取材を受ける。ホテルの朝食会場を借りてもらい、二時間ほど話をした。記事は、まず投票翌日の朝、デジタル版で配信され、紙面にはその翌日に短縮版が掲載されるという。

いろいろと質問されるので、頭を整理する機会にはなるのだが、相当に頭を使うので終わったら疲労困憊。明日の選挙戦最終日に向け、部屋で過ごすことにする。

†一月二二日（土）　曇りときどき小雨

いよいよ最終日である。ときおり小雨が降るあいにくの天気。打ち上げ式のときに雨じゃなければいいなと思いながら、車を名護市役所に置き、道路をわたって名護市民会館に向かう。期日前投票の様子を確認するためだ。

二〇日までの四日間で、一万三三三三人、有権者の約二六パーセントが期日前投票を終

図 5-4　辺野古の浜（2014 年 10 月 13 日撮影）

図 5-5　辺野古の浜（2022 年 1 月 21 日撮影）

わらせていたが、この日も多くの有権者が集まっていた。コロナ対策のため期日前投票は出口調査をしないという話も出ていたが、少なくとも最終日はＮＨＫがやっていた。

市役所近くのタコス屋で差し入れのタコスを買って、辺野古へ。「せんべろ」の友人が、辺野古で週末限定のラーメン屋を開業するため、朝から改装作業をしているのである。彼は辺野古で生まれ育ち、高校卒業後に本土やカナダで働いたあと辺野古に戻ってきて基地で働くようになったという経歴の持ち主で、今は本島中部に部屋を借りて、中部の基地で働いている。だから週末限定なのだ。

彼がラーメン屋をやることにしたのは、昼間、シュワブの米兵がお昼ご飯を食べるところがなくてうろうろしているのを見て、かわいそうだなと思ったからだという。彼らが好きなのは寿司、カレー、タコス、ラーメンで、ラーメン屋だけが辺野古にも、旧久志村まで広げてもなかったから、自分がやることにしたのだ。先輩がやっているバーを間借りしてやってみたら好評だったので、自分で店をもち、夜はお酒も出すようにしたのだという。なお店名は「アリガートー」。オブリガートのように外国人風に発音するそうだ。

その彼は二〇日、フェイスブックに渡具知への投票を呼びかける投稿をしていた。その理由を聞いてみたところ、辺野古に選対事務所もできていなくて危機感を感じたからだとのことだった。

ただ彼自身、基地で働いているとはいえ、新基地建設に賛成しているわけではない。新聞記者からのインタビューを受けることも多い彼は、今回も朝日新聞の取材を受けている。その記事には、基地建設については「成り行きを見守るしかない」としたうえで、「何も変わらず、街が停滞するだけだったら、むしろ国からお金を取ってくるのが市長の仕事ではないでしょうか」という彼の言葉が紹介されている（一月一八日配信記事）。

辺野古にも名護にも計画を変える力はなく、反対すれば交付金が凍結される。だったら「国からお金を取ってくる」しかないだろう、ということなのだ。

夕方からは両陣営の打ち上げ式が始まる。天気はなんとかもってくれた。まずは「青山前」で一七時開始の岸本陣営を見に行く。四つ角のうちふたつに、ヘリ基地反対協議会の横断幕をもった人たちがいた。「辺野古の海に土砂を入れるな！」「NO US BASE! 米軍基地反対！」と書かれている。人の集まりはそれほど多くはなかった。コロナ禍の影響もあっただろうが、やはり勢いに欠けているのは否めない（図5-6）。

次は一八時半開始の渡具知陣営だ。場所はもちろん名護十字路。こちらはかなりの人が集まっていた（図5-7）。司会は、辺野古選出の名護市議が担当していた。毎回思うのだが、保守陣営のスピーカーはとても音がいい。とてもクリアな音が響く。こういうところにお金をかけられるところが、保守陣営の強さでもある。

ホテルにもどり、近くにある沖縄独自のファストフード店「A&W」、通称エンダーで夕ご飯を食べる。まん延防止等重点措置が適用されていたため、店内での飲食は二〇時まで。あとはテイクアウトのみになるということだった。

†一月二三日（日）雨

いよいよ投票日だ。外は雨。投票率の低下が懸念される。期日前投票者数は二万七五五人で、前回より二・八六ポイント低い四一・五四パーセントだった。それでも有権者の四割以上がすでに投票を済ませていることになる。

実は投票日当日は、開票が始まるまでは、いちばんやることがない日である。そこでホテルにこもり、依頼されていた記事を書く時間にあてることにする。

琉球新報は結局、明日二四日の掲載になったので、渡具知勝利バージョンと岸本勝利バージョン、そして投票率上昇・同程度バージョンと低下バージョンの合計四パターンで書いた。といっても内容は八割方同じで、結論が違うだけ。続いて滞在中に連絡を受けた共

図 5-6　岸本陣営打ち上げ式

図 5-7　渡具知陣営打ち上げ式

同通信社の記事を執筆。翁長知事逝去記事の担当記者からの依頼で、こちらは渡具知勝利バージョンだけでいいという。

一八時にホテルを出て辺野古へ。西川家に向かう。晩ご飯をいただきながら選挙の結果を待つことにしたのである。ホットプレートで焼いたステーキ肉を食べながら、「命を守る会」を立ち上げてからのいろんな話が西川の口から自然に出てくる。そして、これまでを振り返るような言葉が出てきた。

「自分が（命を）守る会の代表をやったことで、失ったものが大きかったとはいいたくない。たしかに経済的にはマイナスが大きかった。でも得たものも大きい。反対したことで、自分はとても勉強になった。大学に二五年間行ったのと同じ。そして、こうして勉強して得た知恵を使って、辺野古を変えていきたい。たとえ基地ができてしまったとしても」

投票箱が閉まる二〇時を迎えた。ゼロ打ちの可能性も否定できなかったので、速報を早めに出す傾向がある民放にチャンネルをあわせる。その瞬間を撮影するため、カメラを準備する。

だがさすがにゼロ打ちはなかった。西川家にはWi-Fiが飛んでいないので、スマホのテザリングでiPadをネットにつなぎ、ネット放送していた地元テレビ局の選挙特番を視聴

図 5-8　渡具知当確の画面を見つめる西川征夫

しながら、結果を待つ。

途中で、大学院生時代に辺野古に住み込んで調査していたことがあり、今は高校の教員をしているK君もやって来た。奥さんも含めて四人でiPadを見ながら、かなり接戦だとか、でも洋平が勝ったとしたら奇跡だとか、そんな話をしていた二一時半ごろ、辺野古で生まれ育ち、今は宮古島で仕事をしている友人から、渡具知当確がでたというラインが入る（図5―8）。

こちらでは出ていなかったのだが、別のテレビ局のほうで出たというのでそちらにあわせると、たしかに出ていた。でもまだ渡具知陣営も喜びは見せていない。

しばらくその状態が続いたが、二〇分くらいして別の局も当確を出す。これで渡具知氏の再選が決定的になった。

西川は、それほど落ち込むでもなく、でも神妙な顔つきで画面を見ていた。洋平はしゃべりがうまくないとか、そういうことをいいつつ、もうこれで選挙には関わらない、集票活動もしない、と語っていた。それでいいですよ、と声をかけた。それでもきっと、何かやるだろうけど。

この時間、辺野古公民館には、区長をはじめ、渡具知を支持する区民たちが集まっていた。そこにいた「せんべろ」の友人から、あと一五分で渡具知市長が公民館に来ますよ、という連絡がはいったので、大雨のなか、急いで公民館に向かう。といっても、西川家から公民館は歩いて一分ほどの距離だ。

北部振興事業を活用して建設された公民館には、舞台つきの多目的ホールがある。そこに三〇名ほどの区民が集まっていた。だが、前回の市長選のときのような、喜びが爆発するような感じはまったくない。当確が出た瞬間も「おう」というくらいで、特に何の盛り上がりもなかったという。舞台に設営されたスクリーンには、選挙特番が映し出されていた。

図 5-9　辺野古区民とグータッチする渡具知市長

ほどなくして、渡具知市長が到着した、という声がかかる。二二時五〇分。NHKが当確を出したのが二二時二〇分くらいだったので、それを見てから来たのであれば、おそらく最初に挨拶に来たのが辺野古だったのではないだろうか。二〇一〇年市長選のとき、初当選した稲嶺市長が辺野古の選対事務所に来たのは午前一時半だった。もちろん立場も状況も違うが、「辺野古の声を聞く」という点においては、保守系の市長のほうが重視していることは確実だろう。

渡具知市長は集まっていた区民全員にグータッチをして回ったあとで挨拶をした（図5-9）。久辺三区の皆さんのおかげで当選した、これからも久辺三区の発展のために働く、と語り、次の会場へと移動していった。

その後は、渡具知選対の青年部副部長として活動していた区民のTさんの司会で、残っていた渡具知陣営の関係者からの挨拶が続いた。「熊本さんも挨拶を」と言われたので、辺野古に二〇年通っていること、本を昨年出したこと、区長に送っているので読んでほしい、といったことを話した。おめでとうは言わないようにした。

最後にK区長が、やや長めの挨拶をした。久辺三区の発展のために渡具知市長にはもっと働いてほしい、しっかりと開発を進めてほしいと要望していた。近くにいた区民が「名護市民も馬鹿じゃなかったな」と話していた。

挨拶が終わった後、中締めとなった。この頃には開票も終わっており、五〇八五票の大差をつけての圧勝だった。投票率は六八・三二パーセント。名護市長選では過去最低の投票率だった。

区長に選挙の感想を聞いた。渡具知市長が負けるとは思っていなかったが、五〇〇〇票もの大差がつくとも思っていなかったという。当確が出た瞬間は、嬉しいというよりほっとした。基地の建設が進むことは嬉しくないが、これまで進んできた多目的運動広場などの計画が止まらずに進められるので、それは安心したとのことだった。そして「大事なのはこれから。区長としては、区民の安心・安全が大事。これから自分たちは五〇年も一〇〇年もここで暮らすのだから」と言って、話を終えた。

ホテルに戻り着いたのは零時。それから共同通信社の記者と電話で話しながら、記事について検討する。当確後の辺野古の様子も加える形で記事をまとめてもらい、翌日確認することになった。

†一月二四日（月）　曇りときどき晴れ

宿泊していたホテルは国道58号沿いにある。今朝も土砂を積んだトラックが58号を南下し、辺野古に向かって走っていった。

八時に毎日新聞の取材をZoomで受けてからチェックアウトする。この間、渡具知陣営の選対本部にいく機会がなかったため、最後に見ておくことにする。着いてみると、すでに片付けが始まっていた。中に入って挨拶し、ビラを二枚いただく。駐車場も備えてある、かなり広い事務所だった。

辺野古に向かい、西川家に立ち寄って挨拶をする。一日たって、少しすっきりした感じだった。選挙にはもう関わらないが、これからは辺野古で起きたことを若い人たちに伝える活動、そして辺野古を元に戻すための活動をすると話してくれた。どのような状態が「元」なのかはわからないが、区民として建設に反対し続けてきた彼にしかできないことだと思う。

そのまま那覇に戻ってレンタカーを返却し、那覇空港へ。沖縄タイムスからも識者評論の依頼が届いていたので、引き受けると返事を出す。共同通信社と毎日新聞から届いていた原稿を確認し、OKを出すなどしているうちに、あっという間にフライトの時間が来た。

ANA472便で羽田へ。一九時に到着し、そのまま自宅近くのホテルにチェックイン。三日間の自主隔離である。幸いにも新型コロナへの感染はなかった。

おわりに

†決定権なき決定者

「他人（ひと）のシマで勝手なことしないほうがいいよ」

名護でこう言われてから、もう二〇年が過ぎた。このときはまだ何もつくられていなかった辺野古の海には、護岸がつくられ、埋め立てが進み、平島も長島も見えなくなった。なぜ辺野古の海は埋め立てられ、新たな基地が建設されようとしているのか。

辺野古が条件つきで建設を容認しているからではないことは、ここまで読んでくれた方はわかってくれているだろう。辺野古には、普天間代替施設／辺野古新基地の建設の是非を決める決定権がない。それは名護市にも、沖縄県にもない。

それなのに、辺野古が普天間基地の移設候補地になった一九九六年からずっと、建設に賛成なのか、それとも反対なのか、問われ続けている。つまり辺野古区民も、名護市民も、沖縄県民も、「決定権なき決定者」なのである。

「決定権なき決定者」という概念を説明するためには、社会学者ニクラス・ルーマンのリスク論から説明しなければならなくなるため（詳しく知りたい方は拙著『交差する辺野古』の第九章をお読みいただきたい）、ここでは簡単に、「あることについて賛成したときにしか決定を認めてもらえないのに、賛否を示すよう迫られている人（たち）」と定義しておこう。

このような状況に置かれ続けると、人は、賛否を問われること自体から距離を置くようになる。いくら反対の意思を示しても認めてもらえず、賛成したときだけ決定したとみなされるのであれば、賛否を答えることに意味がなくなるからだ。

†決定権なき決定者としての名護市民

二〇一八年と二〇二二年の名護市長選挙における名護市民の判断は、まさにこれだった。渡具知氏は辺野古への基地建設を「黙認」するという姿勢を取ることで、普天間基地移設問題を争点から外した。

だが、その黙認は米軍再編交付金を受け取るためであり、受け取った交付金を用いて行う施策を公約として掲げていた。そして、その施策の内容を評価した有権者が渡具知氏に投票した。そのような有権者が多かったから、渡具知氏は当選したのである。

もちろん、交付の条件は辺野古への基地建設に協力することである以上、渡具知氏への投票は建設を進めることにつながる。そんなことは百も承知で、それでも反対しても決定とは見なされないのだから、だったら交付金をもらったほうがましだと判断したのだ。

このような交付金は、補助金とはいえない。もはや報奨金というべきものになっている。報奨とは、ある人の功労や善行などに報い、それをさらに奨励することである。つまり報奨金とは、功労や善行を奨励するために支払われるお金であり、功労や善行を為そうという者に対しては与えられるが、そうでない者にはもたらされない。そして何が「功労」であり「善行」であるかは、報奨金を与える側が決定する。

米軍再編交付金において、報奨金を与える側とは、もちろん政府である。そして「善行」は米軍再編計画への協力だ。つまり名護市は、普天間代替施設／辺野古新基地の建設を受け入れるという「善行」を果たす姿勢を示さなければ、米軍再編交付金を得ることはできないのである。

なお報奨金化は沖縄振興予算においても顕著に見られる。仲井眞知事が埋め立てを承認したとき、沖縄振興予算は一気に増額して三四六〇億円となり、さらに二〇二一年度まで三〇〇〇億円台の予算措置を行うことが約束された。

だが翁長県政、玉城県政においては減額が続き、二〇一八年度以降は三〇一〇億円と、三〇〇〇億円台の最低水準に据え置かれた。そして約束の期間が終わった二〇二二年度予算は、三二六億円減の二六八四億円にまで減額されたのである。

本来、政府による振興事業は、地方自治体間の格差を平準化するためでなければならないはずだ。それを、政府の意向を地方自治体に飲ませるために用いることは許されてはならない。この「振興事業の報奨金化」は、地方自治の危機として受け取られるべき問題である。決して沖縄だけの問題ではない。

†決定権なき決定者としての辺野古区民

辺野古区民の場合はさらに複雑だ。

まず、人口比の問題がある。名護市の人口は二〇二二年一月三一日現在で六万四〇六一人だが、辺野古の人口は一七一二人しかいない。久辺三区でも二六九八人、久志地域（旧久志村）全体でも四〇四九人しかいない。つまり、辺野古区民はおろか、久志地域に住む全員が反対したとしても、人口の多い西側の人たちが一割でも賛成すれば、その意思を反映させることはできないのである。新基地建設の被害は久志地域に集中するのにもかかわらず、である。

そして、基地が建設されてしまったあとも、辺野古区民は辺野古で生活しなければならないため、建設後の安心、安全についても考えておく必要がある。そのためには市長に動いてもらい、基地の使用協定の締結や日米地位協定の改正などを、政府に訴えてもらわなければならない。政府の方針に反対する首長の要請は聞かない、という姿勢を政府がとり続けている以上、政府に自分たちの話を聞いてもらうためには政府に協調的な市長を選ぶしかない。

しかも、基地が建設されるだけでは、何の補償もない。事実、世帯別補償も出せないと公式に明言されてしまっている。だから交渉して、世帯別補償に代わる振興事業などを引き出さなければ、負担だけを背負うことになってしまう。その交渉もやはり、政府に協調的な市長にしかできないし、辺野古の意見を聞いてくれる市長でなければ、交渉を依頼することもできない。

だから辺野古は、条件つきで建設を容認し、そして基地建設を黙認している市長を支持しているのである。建設されないに越したことはないと思っているのに、そうせざるを得ないのだ。

†決定者に祭り上げられるということ

この「決定権なき決定者」のもうひとつの問題は、賛成したときにしか決定を認めてもらえないから賛成したのに、その決定は、争点となっている問題について賛成したことと受け取られてしまい、その責任まで背負わされてしまう点にある。つまり「決定者」に祭り上げられてしまうのである。

この論理でいけば、このまま新たな基地が辺野古に建設され、何らかの被害が発生したとしても、その責任は名護市民や辺野古区民が負うことになる。他の地域の人たちに被害が発生すれば非難され、名護市民や辺野古区民が被害を受けても自己責任だと見なされてしまう。

そのことを象徴する一枚の写真がある（図6－1）。二〇一九年二月の県民投票の際、辺野古集落にある電柱に貼られていたビラである。

誰が貼ったのかはわからないが、「金は一瞬　海は永遠」という言葉からは、補償金を目当てに辺野古が海を売り渡そうとしているという一方的な解釈に基づいた、辺野古区民への非難が強く感じられる。さらにその言葉の横には小さな文字で、沖縄音楽グループ「ネーネーズ」の曲、『黄金の花』の歌詞にある「黄金で心を捨てないで。黄金の花はいつか散る。本当の花を咲かせてね」という文章まで書かれていた。

†責任を負うべき者

だが本当に責任を負うべきなのは誰なのか。それは、まずは政府だろう。沖縄県民も名護市民も、あらゆる選挙や住民投票を通して、辺野古移設反対の意思を示してきた。だが

図6-1 「金は一瞬　海は永遠」と書かれた貼り紙

政府はそれを「民意」と見なすことなく建設を押し進めてきた。そのようにして建設される基地が引き起こす問題に対する責任は、まちがいなく政府にある。

責任は、そのような政府を支えている「本土」の世論にもあると言わざるを得ない。もちろん、本土にもたくさん、政府を批判する市民がいる。沖縄に

ある基地を本土で引き取るために活動している人たちまでいる。だがそれでも本土の人たちの大多数にとって、政府が沖縄に対してやっていることは、他人事のままだ。反対派の首長が誕生した翌日に工事を再開しても、四三万票もの反対票が投じられた県民投票の翌日に土砂を投入しても、内閣支持率は下がらなかった。

だが、それは普天間基地移設問題をめぐって、沖縄で何がおきていたのか、政府は何をしてきたのか、知らないからである。それを知れば、自分たちにも責任があること、そして自分たちにも同じことが降りかかってくる可能性があることに気がつくだろう。「はじめに」にも書いたが、本書が辺野古のこと、沖縄のことを知ってもらうための入門書として書かれた理由は、そこにある。

二〇二二年五月一五日、沖縄は本土「復帰」五〇年を迎える。基地がなくなることを期待して日本への復帰を希求した沖縄の思いは踏みにじられ、そして今、自ら新たな基地の建設を決定させられるところまで追い詰められている。

ここまで沖縄を追い詰めたのはだれか。そう問い詰められているのは、わたしたちなのだ。そしてその問いに答えるために、わたしたちは、辺野古に向き合わなければならないのである。

あとがき

本書を執筆するにあたり、これまで辺野古に調査にいくたびに書きためてきたフィールドノートを読み返した。

フィールドノートの書き方は、おそらくフィールドワーカーごとに違う。私の場合、聞き取りをしているときにとったメモを元にしながら、日記形式でまとめている。第五章が日記のような体裁になっているのは、フィールドノートを反映しているからだ。

そのフィールドノートに何度も出てくるのが、朝起きて、まだお酒が抜けていないことについての文章。辺野古で飲むときは、たいてい日付がかわるまで飲むことになるからだ。代行運転で帰るときの会話も含めて、これもまたフィールドワークなのだ、と言い訳しつつ、また心置きなく辺野古で飲める日がくることを楽しみにしている。

前著『交差する辺野古――問いなおされる自治』を刊行したのが二〇一二年二月。それから一年ちょっとで次の本を出すことになるなんて、そのときは思いもよらなかった。きっかけは、前著を読んでくれた筑摩書房の柴山浩紀さんから、フィールドワークの語りを活かした本を新書で書いてみませんかというメールが届いたことだ。

柴山さんは、岸政彦編『東京の生活史』の担当編集者で、私も同書に寄稿していたことからつながりはあったのだが、直接会ったのは本書の打ち合わせのときが初めてだった。以来、何度もメールでやりとりをしながら、執筆が遅れがちな私をうまくリードしてくれた。おかげでなんとか「復帰」五〇年に間に合わせることができた。お礼の言葉もない。

入門書として書いたため、写真を多めに用いつつ、註は使わず、文献からの引用もしていない。参照文献も必要最低限のものを本文中で示すだけにとどめた。もちろん、参照した先行研究はたくさんあるのだが、読みやすさを重視したため割愛している。ご寛恕いただければと思う。

渡具知名護市長が二期目の当選を確実にしたとき、ふと、もうこんな市長選挙は今回で終わりかもしれないな、という思いが頭をよぎった。国策に振り回されることなく、候補者の公約を比較し、争点について考え、自分たちの未来を託した一票を候補者に投じる。こんな「普通の」選挙がなされる未来は、名護市民にとっても、辺野古区民にとっても、幸せなことなのかもしれない。

でも、それは辺野古の海を埋め立てて、巨大な基地を建設する未来を受け入れたということでもある。それが幸せだなんて、そんなことあるはずがない。むしろ、こんな当たり前のことさえ奪われていたのだということに思い至り、思いはすぐに打ち消した。

だから、これからも私は、辺野古に通い続けることになるだろう。辺野古の人たちがこれからも楽しく、幸せに暮らせるよう、できるかぎりのことをしていこうと思う。それが、私にできる辺野古への恩返しなのだと信じて。

二〇二二年二月　筆者

ちくま新書
1650

辺野古入門（へのこにゅうもん）

二〇二二年四月一〇日　第一刷発行

著　者　熊本博之（くまもと・ひろゆき）

発行者　喜入冬子

発行所　株式会社 筑摩書房
東京都台東区蔵前二-五-三　郵便番号一一一-八七五五
電話番号〇三-五六八七-二六〇一（代表）

装幀者　間村俊一

印刷・製本　株式会社 精興社

ISBN978-4-480-07476-8 C0236